基于水环境污染的水质监测及其相应技术体系研究

崔 虹 著

U0253781

中国原子能出版社

China Atomic Energy Press

图书在版编目（CIP）数据

基于水环境污染的水质监测及其相应技术体系研究 /
崔虹著 . -- 北京：中国原子能出版社，2021.4
ISBN 978-7-5221-1333-3

Ⅰ . ①基… Ⅱ . ①崔… Ⅲ . ①水污染 – 研究②水质监
测 – 研究 Ⅳ . ① X52 ② X832

中国版本图书馆 CIP 数据核字 (2021) 第 059441 号

内容简介

本书属于水质监测方面的著作，由水环境监测概况、水环境污染的监测、基于水环境污染的水质生物监测体系、城市污水与工业废水处理监测系统研究、水质环境典型污染物监测分析方法研究、智能污水处理监测系统设计等部分组成。全书以水环境污染下的水质监测为研究对象，分析污染环境下水质监测及其相应技术体系，对相关行业的研究者和环境保护从业人员有一定的参考价值。

基于水环境污染的水质监测及其相应技术体系研究

出版发行	中国原子能出版社（北京市海淀区阜成路 43 号　100048）
策划编辑	高树超
责任编辑	高树超
装帧设计	河北优盛文化传播有限公司
责任校对	冯莲凤
责任印制	潘玉玲
印　　刷	三河市华晨印务有限公司
开　　本	710 mm×1000 mm　1/16
印　　张	13.25
字　　数	235 千字
版　　次	2021 年 4 月第 1 版　　2021 年 4 月第 1 次印刷
书　　号	ISBN 978-7-5221-1333-3
定　　价	69.00 元

前　言

经济社会的快速发展给河流水环境带来了前所未有的压力，部分江河湖泊水体无法达到水质管理目标要求。加强流域水环境监测能够提前感知水环境状况，为水环境治理与管理提供基础支撑。

国内外在建立水环境监测网络和制定水质达标方案等方面已开展了大量的研究，形成了有效的监测体系，但是仍然存在许多问题。比如，存在水环境污染问题的大多中小型流域往往缺少或只有数个控制断面，对污染物排放和污染严重的支流不能进行有效准确的监督管理，也无法满足水质实时监视、预测预警、考核问责、污染溯源等水环境管理的实际需求；水质目标管理是加强河流综合治理与水质保护的有效办法，但是当前仅对控制断面确定了水质目标，而对流域的其他地方做不到精细化管理；我国对水环境管理的方法主要是基于水质目标进行总量控制，没有将污染物控制与水质目标协调一致。因此，加强中小流域的水环境监测建设，以流域内污染物总量及其年内变化为依据，研究流域水质目标精细化管理方案，切实支撑地方的水环境保护工作是未来的发展需求。

本书是关于水环境污染与水质监测的著作，由水环境监测概况、水环境污染的监测、基于水环境污染的水质生物监测体系、城市污水与工业废水处理监测系统研究以及水质环境典型污染物监测分析方法研究、智能污水处理监测系统设计等部分组成。全书以水环境污染与水质监测为研究对象，分析污染环境下水质监测及其相应技术体系，阐述水环境污染监测的基本概念、方法、技术以及水环境污染治理方法，对从事有关水环境污染水质监测的技术研发、环境保护科技的研究者和环境保护从业人员有学习和参考价值。

目　录

第一章　水环境监测概况　　　　　　　　　　　　　　　　　　 / 001

　　第一节　环境监测的基本知识　　　　　　　　　　　　　 / 001
　　第二节　水环境监测体系　　　　　　　　　　　　　　　 / 008
　　第三节　水环境污染的监测监管技术　　　　　　　　　　 / 011

第二章　水环境污染的监测　　　　　　　　　　　　　　　　　 / 016

　　第一节　水体污染与水质监测　　　　　　　　　　　　　 / 016
　　第二节　水质监测方案的制定　　　　　　　　　　　　　 / 041
　　第三节　水样的采集、保存与预处理　　　　　　　　　　 / 059

第三章　基于水环境污染的水质生物监测体系　　　　　　　　　 / 075

　　第一节　水环境污染的生物监测　　　　　　　　　　　　 / 075
　　第二节　污水的生物处理系统研究　　　　　　　　　　　 / 080
　　第三节　水中污染生物检测与检验　　　　　　　　　　　 / 089

第四章　城市污水与工业废水处理监测系统研究　　　　　　　　 / 111

　　第一节　城市污水处理监测系统研究　　　　　　　　　　 / 111
　　第二节　环境监测中工业废水处理系统研究　　　　　　　 / 139

第五章　水质环境典型污染物监测分析方法研究　　　　　　　　 / 166

第六章　智能污水处理监测系统设计　　　　　　　　　　　　　 / 184

参考文献　　　　　　　　　　　　　　　　　　　　　　　　　 / 199

第一章 水环境监测概况

第一节 环境监测的基本知识

一、环境监测的定义

环境监测是指环境监测机构按照规定的程序和有关法规的要求，运用现代科学技术、方法监视和检测代表环境质量和变化趋势的各种数据，并分析其对环境的影响过程与程度，对环境行为符合法规情况进行执法性监督、控制和评价的全过程操作。

二、环境监测的内容

环境监测是通过对影响环境的各种物质的含量、排放量的检测，跟踪环境质量的变化，确定环境质量水平，为环境管理、污染治理等工作提供基础和保证。环境监测通常包括背景调查、确定方案、优化布点、现场采样、样品运送、实验分析、数据收集、分析、综合等过程。总的来说，环境监测就是计划、采样、分析、综合、获得信息的过程。

环境监测的主要手段包括物理手段（对声和光的监测）、化学手段（各种化学方法，包括重量法、分光光度法等）、生物手段（监测环境变化对生物及生物群落的影响）。

三、环境监测的目的

环境监测的目的是准确、及时、全面地反映环境质量现状及发展趋势，为环境管理、污染源控制、环境规划及环境质量的预测等提供科学依据，具体可归纳为以下几点。

（1）根据环境质量标准，评价环境质量。

（2）根据污染特点、分布情况和环境条件，追踪污染源，研究和预测污染变化趋势，为实现监督管理、控制污染提供依据。

（3）收集环境本底数据，积累长期监测资料，为研究环境容量，实施总量控制、目标管理，预测预报环境质量提供数据。

（4）为保护人类健康，保护环境，合理使用自然资源，制定环境法规、标准、规划等。

（5）通过应急监测，为正确处理污染事故提供服务。

四、环境监测的分类

（一）按监测目的或任务分类

1. 监视性监测

监视性监测包括对污染源的监测和对环境质量的监测，以确定环境质量及污染源状况，评价控制措施的效果，衡量环境标准实施情况和环境保护工作的进展。这是监测工作中量最大、面最广的工作。

2. 特定目的监测

（1）污染事故监测

污染事故监测是指在发生污染事故时及时深入事故地点进行应急监测，确定污染物的种类、扩散方向和速度、污染程度及危害范围，查找污染发生的原因，为控制污染事故提供科学依据。这类监测常采用流动监测（车、船等）、简易监测、低空航测、遥感等手段。

（2）纠纷仲裁监测

纠纷仲裁监测主要针对污染事故纠纷以及环境执法过程中产生的矛盾进行监测，提供公证数据。

（3）考核验证监测

考核验证监测包括人员考核、方法验证、新建项目的环境考核评价、排污许可证制度考核监测、"三同时"① 项目验收监测、污染治理项目竣工时的验收监测。

（4）咨询服务监测

咨询服务监测指为政府部门、科研机构、生产单位提供的服务性监测。它

---

① "三同时"是指建设项目中防治污染的设施必须与主体工程同时设计、同时施工、同时投产使用。

的作用是为国家政府部门制定环境保护法规、标准、规划提供基础数据和手段。比如，建设新企业应进行环境影响评价，按评价要求进行监测。

3.研究性监测

研究性监测是针对具有特定目的的科学研究进行的高层次监测，用来了解污染机理，弄清污染物的迁移变化规律，研究环境受污染的程度，包括环境本底的监测及研究、有毒有害物质对从业人员的影响研究、为监测工作本身服务的科研工作的监测（如统一方法和标准分析方法的研究、标准物质研制、预防监测）等。这类研究往往要求多学科合作。

（二）按监测介质对象分类

按监测介质对象不同，环境监测可分为水质监测、空气监测、土壤监测、固体废物监测、生物监测、噪声和振动监测、电磁辐射监测、放射性监测、热监测、光监测、卫生（病原体、病毒、寄生虫等）监测等。

（三）按专业部门分类

按专业部门不同，环境监测可分为气象监测、卫生监测、资源监测等，也可分为化学监测、物理监测、生物监测等。

（四）按监测区域分类

按监测区域不同，环境监测可分为厂区监测和区域监测。

五、环境污染和环境监测的特点

（一）环境污染的特点

环境污染是各种污染因子本身及其相互作用的结果。同时，环境污染受社会评价的影响而具有社会性。它的特点可归纳为以下几点。

1.时间分布性

污染物的排放量和污染因子的排放强度随时间的变化而变化。例如，工厂排放污染物的种类和浓度往往随时间的变化而变化；河流的潮汐和丰水期、枯水期的交替都会使污染物浓度随时间的变化而变化。随着气象条件的改变，同一污染物在同一地点的污染浓度可相差数十倍。交通噪声的强度随着不同时间内车辆流量的变化而变化。

2.空间分布性

污染物和污染因子进入环境后，随着水和空气的流动而被稀释扩散。不同污染物的稳定性和扩散速度与自身性质有关，因此不同空间位置上污染物的浓度和强度分布是不同的。为了正确表述一个地区的环境质量，单靠某一点的监测结果是不完整的，必须根据污染物的时间、空间分布特点，科学地制定监测方案（包括监测网点布设、监测项目和采样频率设计等），然后对监测所获得的数据进行统计分析，这样才能较全面而客观地反映环境质量。

3. 环境污染与污染物含量（或污染因子强度）的关系

有害物质引起毒害的量与其无害的自然本底值之间存在一定的界限。所以，污染因子对环境的危害有一阈值。对阈值进行研究是判断环境污染及污染程度的重要依据，也是制定环境标准的科学依据。

4. 污染因子的综合效应

环境是一个由生物（动物、植物、微生物）和非生物组成的复杂体系。以传统毒理学观点分析，多种污染物同时存在对生物的影响有以下几种情况。

（1）独立作用

污染物的独立作用指机体中某些器官只受混合物中某一组分的危害，没有因污染物的共同作用而受到更深的危害。

（2）相加作用

混合污染物各组分对机体的同一器官的毒害作用彼此相似，且偏向同一方向，这种作用等于各污染物毒害作用的总和时被称为污染的相加作用。比如，大气中二氧化硫和硫酸盐气溶胶之间、氯和氯化氢之间，当它们在低浓度时，其联合毒害作用即为相加作用，而在高浓度时则不具备相加作用。

（3）协同作用

当混合污染物各组分对机体的毒害作用超过个别毒害作用的总和时，这种作用被称为协同作用。比如，二氧化硫和颗粒物之间、氮氧化物与一氧化碳之间就存在协同作用。

（4）拮抗作用

当两种或两种以上污染物对机体的毒害作用彼此抵消一部分或大部分时，这种作用被称为拮抗作用。比如，动物试验表明，当食物中同时含有 30 μg/L 甲基汞和 12.5 μg/L 硒时，硒就可能抑制甲基汞的毒性。

5. 环境污染的社会评价

环境污染的社会评价与社会制度、文明程度、技术经济发展水平、民族风俗习惯、哲学、法律等有关。有些具有潜在危险的污染因素因表现为慢性危害而往往不会引起人们注意，而某些直接感受到的污染因素容易受到社会重视。比如，一条水质良好的河流被污染的过程是长期的，对此人们往往不予注意，而因噪声、烟尘等引起的社会纠纷却很普遍。

（二）环境监测的特点

环境质量的变化是各种自然因素和人为因素的综合效应，同时环境质量的变化体现在不同的环境中，各种环境要素随着时间和空间的变化而变化。比如，不同监测点的空气质量与污染物排放量、季节变化、风速、光照、地形地貌密切相关，同一监测点的空气质量随着时间的变化而变化。不仅如此，某一污染组分也会随着条件的改变发生物理、化学转化，不同组分之间发生相加作用、相乘作用或拮抗作用等，这些作用使环境质量的变化更加复杂。

环境污染、环境质量变化的复杂性使环境监测具有以下特点。

1.监测对象的复杂性

监测对象包括空气、水体（江、河、湖、海及地下水）、土壤、固体废物、生物等环境要素，不同的环境要素之间相互联系、相互影响，每一个环境要素都是巨大的开放体系，污染物在该体系中发生复杂的迁移转化，迁移转化的方式有物理的、化学的和生物的方式。只有对一个或多个环境要素进行综合分析，才能确切地描述环境质量状况。

2.监测手段的多样性

监测手段包括化学、物理、生物、物理化学、生物化学及生物物理等一切可以表征环境质量的方法。某一种方法可以测定多种污染物，某一种污染物可以采用不同的测定方法测定。

3.监测数据的科学性

环境污染是随着时空的变化而变化的，既有渐变，也有突变，因此环境监测要具有及时性、代表性、准确性、连续性。监测网络、监测点位的选择一定要有科学性。只有坚持长期测定，才能从大量的数据中揭示其变化规律，预测其变化趋势。数据越多，预测的准确度就越高。

4.监测结论的综合性

环境监测包括监测方案的制定、采样、样品运送和保存、实验室测定及数据整理等过程，是一个既复杂又有联系的系统。环境监测质量受到众多因素的影响，某一个环节的差错将影响最终数据的质量，这就要求监测人员掌握布点技术、采样技术、数据处理技术和综合评价技术，同时要具备物理学、化学、生物学、生态学、气象学、地球科学、工程学和管理学等多学科知识，只有如此，才能保证环境监测的质量。

六、环境监测技术

环境监测技术包括采样技术、测试技术、数据处理技术和综合评价技术。环境监测技术日新月异，已经从单一的环境分析发展到物理化学监测、生物监测、生态监测、遥感卫星监测，从间断监测发展到自动连续监测和在线监测，同时布点技术、采样技术、数据处理技术和综合评价技术也得到了飞速发展。环境监测已经形成了以环境分析为基础、以物理化学测定为主导、以生物监测为补充的学科体系。

（一）物理化学监测技术

对环境样品中污染物的成分分析及其状态与结构的分析目前多采用化学分析法和仪器分析法。

化学分析法是以物质的化学反应为基础的分析方法。在定性分析中，许多分离和鉴定反应就是根据组分在化学反应中生成沉淀、气体或有色物质而进行的；在定量分析中，主要有滴定分析和重量分析等方法。这些方法历史悠久，是分析化学的基础，所以又称为经典化学分析法。其中，重量分析法常用于残渣、降尘、油类和硫酸盐等的测定。滴定分析或容量分析被广泛用于水中酸度、碱度、化学需氧量、溶解氧、硫化物和氰化物的测定。

仪器分析法是以物质的物理和物理化学性质为基础的分析方法。它包括光谱分析法（可见分光光度法、紫外分光光度法、红外光谱法、原子吸收光谱法、原子发射光谱法、X射线荧光分析法、荧光分析法、化学发光分析法等）、色谱分析法（气相色谱法、高效液相色谱法、薄层色谱法、离子色谱法、色谱-质谱联用技术）、电化学分析法（极谱法、溶出伏安法、电导分析法、电位分析法、离子选择电极法、库仑分析法）、放射分析法（同位素稀释法、中子活化分析法）和流动注射分析法等。仪器分析法被广泛用于环境污染物的定性和定量测定。比如，分光光度法常用于大部分金属、无机非金属的测定，气相色谱法常用于有机物的测定，对污染物进行定性分析常采用紫外分光光度法、红外光谱法、质谱及核磁共振等技术。

（二）生物监测技术

生物监测技术是一种利用植物和动物在污染环境中产生的各种反应信息来判断环境质量的方法，是一种最直接、最能反映环境综合质量的方法。

生物监测通过测定生物体内污染物含量，观察生物在环境中受伤害所表现的现状、生物的生理生化反应、生物群落结构和种类变化等，判断环境质量。

例如，根据某些对特定污染物敏感的植物或动物（指示生物）在环境中受伤害的症状，可以对空气或水的污染做出定性和定量的判断。

（三）生态监测技术

生态监测是指运用可比的方法，在时间或空间上对特定区域范围内生态系统或生态系统组合体的类型、结构、功能及其组成要素等进行系统的测定和观察的过程，监测的结果用于评价和预测人类活动对生态系统的影响，为合理利用资源、改善生态环境和保护自然提供决策依据。

由于生态系统的复杂性，各生态要素相互作用、相互影响，任何一个生态要素的变化都可能引起生态系统的变化，对一个生态系统而言，单纯地从理化指标、生物指标评价环境质量已不能满足要求，所以生态监测日益重要，其优越性已显示出来。目前，生态监测总的发展趋势是遥感技术和地面监测相结合，宏观与微观相结合，点与面相结合，加强区域之间联合监测，重视生态风险评价。

（四）"3S"技术

"3S"技术指地理信息系统（GIS）技术、遥感（RS）技术和全球定位系统（GPS）技术。这三项技术形成了对地球进行空间观测、空间定位及空间分析的完整的技术体系。GIS技术是一种利用计算机平台对各种空间信息进行装载运送及综合分析的功能强大的有效工具。遥感技术的全天候、多时相及不同的空间观测尺度使其成为对地球日益变化的环境与生态问题进行动态观测的"有力武器"。GPS技术提供的高精度地面定位方法因其精度高、使用方便及价格便宜等优点，已被广泛应用在野外样品采集工作中，特别是海洋、大湖及沙漠地区的野外定点工作中。

（五）自动与简易监测技术

在自动监测系统方面，一些发达国家已有成熟的技术和产品，如大气、地表水、企业废气、焚烧炉排气、企业废水及城市综合污水等方面均有成熟的自动连续监测系统。完善的、运行良好的空气自动监测系统可以实时监测数据，并对空气污染进行预测预报，发布空气污染警报，可在线监测部分大气污染指标。

在水质自动监测系统等系统中主要使用流动注射法（FIA）。FIA与分光光度法、电化学法、原子吸收光谱法（AAS）、电感耦合等离子体原子发射光谱法（ICP-AES）等技术结合，可测定 Cl、NH_3、Ca、NO_3^-、Cr（Ⅵ）、Cu、

Pb、Zn、In、Bi、Th、U 及稀土类等多种无机成分，已应用于各种水体水质的监测分析。化学需氧量（COD）等水质指标已经实现在线监测。

除了常规监测和预防性监测分析外，快速、简易、便携式的现场测试仪器已被开发出来，用于调查、解决突发性污染事故及污染纠纷。现场快速测定技术有试纸法、水质速测管法（显色反应型）、气体速测管法（填充管型）、化学测试组件法、便携式分析仪器测定法等。

第二节　水环境监测体系

一、样品采集、保存与预处理

（一）初级

（1）能根据监测项目选择采样器和水样容器，洗涤采样器材。

（2）能使用采样器材在指定的采样点正确采集样品。

（3）能根据监测项目的需要正确选择并加入合适的保存剂对样品进行稳定处理和保存。

（4）能根据监测项目的需要对样品进行冷藏、冷冻保存。

（5）能规范填写水质采样记录表和样品登记表。

（6）能根据水质采样记录表和样品登记表清点样品。

（7）能根据样品运输要求将不同的贮样容器塞紧或密封，并按照防振动、防碰撞要求装箱。

（8）能采用沉淀过滤法、絮凝沉淀法等对样品进行预处理。

（9）能根据可追溯性要求记录样品标签信息。

注：样品采集、保存与预处理的其他要求按《污水监测技术规范》（HJ 91.1-2019）规定的方法执行。

（二）中级

（1）能根据不同的水环境进行采样点的布设。

（2）能根据不同的水环境特征确定采样的时间和频率。

（3）能根据不同的水环境特征采集瞬时样品、混合样品或综合样品等不同类型的样品。

（4）能校核水质采样记录表和样品登记表。

（5）能根据监测项目确定样品的保存方法。

（6）能正确选择和配制样品保存剂。

（7）能采用过硫酸钾法、硝酸-硫酸法对样品进行消解预处理。

（8）能采用蒸馏法、四氯化碳萃取-硅酸镁吸附法对样品进行组分分离预处理。

（三）高级

（1）能根据监测项目进行现场勘察及汇总调研资料。

（2）能根据监测项目编制、组织和落实相应的采样方案。

（3）能采用硝酸-高氯酸消解法、盐酸法、高锰酸钾-过硫酸钾消解法对样品进行消解预处理。

（4）能采用蒸发浓缩法进行样品体积及待测组分的浓缩预处理。

二、样品监测分析

（一）初级

（1）能配制和标定标准溶液。

（2）能采用重量法测定样品的悬浮物、硫酸盐、全盐量。

（3）能采用酸碱滴定法测定样品的酸度、碱度。

（4）能采用沉淀滴定法测定样品的氯化物。

（5）能采用温度计法测定样品的温度。

（6）能采用玻璃电极法测定样品的 pH。

（7）能采用电化学探头法测定样品的溶解氧。

（8）能采用可见分光光度法测定样品的氨氮、硝酸盐氮。

（9）能采用细菌学检验法测定样品的细菌总数、粪大肠菌群、总大肠菌群。

（10）能使用便携式水环境检测仪。

注：标准溶液的配制按《化学试剂　标准滴定溶液的制备》（GB/T 601—2016）规定的方法执行，悬浮物的测定按《水质　悬浮物的测定　重量法》（GB 11901—89）规定的方法执行。

（二）中级

（1）能采用电位滴定法正确测定样品的碱度。

（2）能采用碘量法测定样品的溶解氧。

（3）能采用氧化还原滴定法测定样品的化学需氧量、高锰酸盐指数。

（4）能采用稀释与接种法测定水样的五日生化需氧量。

（5）能采用容量法测定样品的氰化物。

（6）能采用可见分光光度法测定样品的总磷、氯化物、硫化物、六价铬、挥发酚。

（7）能采用紫外分光光度法测定样品的总氮。

（8）能采用红外分光光度法测定样品的石油类、动植物油类。

（9）能排除仪器设备的简单故障。

（10）能对测定所用的容量器皿及仪器设备进行校正。

注：溶解氧的测定按《水质　溶解氧的测定　碘量法》（GB 7489—87）规定的方法执行，化学需氧量的测定按《水质　化学需氧量的测定　重铬酸盐法》（HJ 828—2017）规定的方法执行，高锰酸盐指数的测定按《水质　高锰酸盐指数的测定》（GB 11892—89）规定的方法执行。

（三）高级

（1）能采用蒸馏滴定法测定样品的氨氮。

（2）能采用原子吸收分光光度法测定样品的镉、铜、铅、锌、铁、锰。

（3）能采用冷原子吸收分光光度法测定样品的汞。

（4）能采用原子荧光法测定样品的汞、砷、硒。

三、数据处理

（一）初级

（1）能规范填写水质检测原始记录。

（2）能对数据进行有效数字的取舍和修约。

（3）能计算逐级稀释样品的浓度、算术平均值和相对标准偏差。

（4）能对监测分析结果进行单位的换算。

（二）中级

（1）能对浓度和测得的吸光度进行直线回归计算。

（2）能运用 Q 检验法和 T 检验法检验可疑值。

（3）能计算加标回收率。

（4）能运用加标回收率评价准确度。

（5）能审核水质检测原始记录。

（6）能判断平行样测定数据之间的符合程度。

（7）能进行方法检出限的测定与计算。

（8）能进行异常数据分析处理。

（9）能编制水质检测报告。

（三）高级

（1）能运用数理统计方法判断标准曲线的线性关系。

（2）能对标准曲线进行截距检验。

（3）能设计各类原始数据记录表。

（4）能审定水质检测报告。

（5）能根据测定数据编写水质分析报告。

（6）能按实验室质量控制要求进行仪器标准化管理。

第三节　水环境污染的监测监管技术

一、水污染源监管对监测技术的需求

水环境保护目标是水质标准建立的依据。为了达到水质标准，采取行政区管理或者流域管理的模式，最终需要通过具体的水污染控制技术确保水体保护行动的落实。无论是浓度控制技术，还是目标总量、容量总量、行业总量控制技术，监测数据都是最重要的数据基础。获取可靠的、具有代表性的监测数据，为水污染控制提供信息基础，为水环境保护决策提供科学依据，是水污染源监测的最终目标。

水环境保护的目标有两个：一是保护人类生命健康；二是使人类生活环境更舒适。

水污染源监管的目标为水质安全、水质改善。

水污染源管理措施至少要包含污染源风险监控与预警、污染物排放总量控制、突发污染事故应急响应三个方面。

其中，前两者贯穿于水污染源日常监督管理，突发污染事故应急响应体现在事前准备与事后响应中，如图1-1所示。

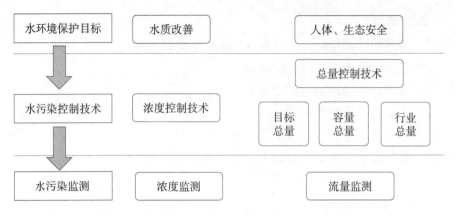

图 1-1　水污染源监测与水环境保护关系示意图

各国的水污染源日常监督监管措施与手段不尽相同。美国国家污染物排放削减（NPDES）许可证制度是水污染源排放监管的主要政策，将对水污染源的各项管理规定转化为对排污许可证持有者的具体要求，其中最核心的内容为根据排放标准与"最大日负荷总量"（TMDL）确定的排放限值。欧盟的水污染源监管与美国类似，同样实施排污许可证制度，分别根据最佳可行技术与水质标准确定排放限值。我国与水污染源监管相关的政策较多，包括环境影响评价制度和"三同时"制度、排污申报与许可证制度、排污收费制度、排污总量控制制度等。尽管各国水污染源日常监管的具体做法不同，但从根本上说，落实到具体的污染源，管理依据均为排放限值，而排放限值是基于两方面因素确定的：技术可得性和总量控制目标。

突发污染事故应急响应相对独立，自成体系。欧洲建有水污染预警和应急响应系统（EWERS），紧急事件发生时，政府可借助此系统做出快速响应，做出有效而全面的决策。

水污染源监管落实到具体污染源上，最终体现在对污染物的排放浓度、排放量的控制上，而排放浓度与排放量的度的确定离不开水污染源监测。水污染源监管制度的实施需要监测技术的支撑，这种支撑至少包括以下几个方面。

（一）日常监督与结果评价

水污染源日常监管的核心依据为排放标准，判定水污染源是否达标排放需要依靠监测的结果。

（二）总量监测

作为水污染物排放总量控制制度重要内容的污染物排放总量的核算需要依靠总量监测结果的支撑。

（三）应急监测

突发事故后的应急监测的结果是管理决策的重要依据。

（四）源追踪与解析

识别水环境污染的重点源，需要依据监测数据，以监测结果为基础进行源解析。

二、水污染源监测监管技术体系框架及核心内容

水污染源监测监管技术体系可分为水污染源监测基础方法和水污染源监管应用支撑技术两个层次，前者是后者的基础，后者直接为水污染源监管服务。水污染源监测监管技术体系框架如图 1-2 所示。水污染源监测基础方法包括现场采样与流量监测技术、废水理化特性监测技术和废水生物毒性监测三个方面。水污染源监管应用支撑技术主要包括水污染源源解析技术、水污染源应急监测技术和总量监测技术等。水污染源监测方法的发展相对成熟，所包含的内容相对固定。随着监测技术手段的发展，高新监测仪器设备逐渐发明和使用，监测方法将日益先进。水污染源监管应用支撑技术是由水环境保护目标和监管措施决定的，随着水污染防治政策与控制手段的改变而改变。

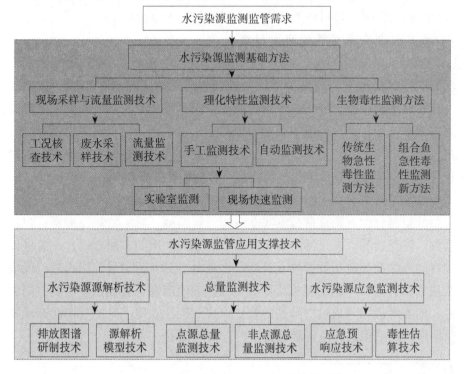

图 1-2 水污染源监测监管技术体系框架

（一）水污染源监测基础方法

1. 现场采样与流量监测技术

现场采样与流量监测技术包括工况核查技术、废水采样技术、流量监测技术三个方面。现场采样与流量监测均是在污染源现场开展的监测活动，其核心任务是获得具有代表性的样品和流量数据。监测数据受生产工况影响，生产工况的代表性决定了监测数据的代表性。在进行现场采样和流量监测时，必须进行生产工况的核查。

2. 理化特性监测技术

理化特性监测技术用来对现场采集的样品进行污染物浓度分析。根据监测手段的不同，该技术可以分为手工监测技术与连续自动监测技术。根据时限和精度要求，手工监测可以分为实验室监测与现场快速监测。

3. 生物毒性监测方法

生物毒性监测方法在水环境质量监测与毒理学研究中应用较为广泛，在水污染源监测中应用较少。对于未知污染物的废水，采用生物监测方法获得其毒性信息，可为未知污染物条件下的决策提供必要的信息支持。生物毒性监测方法除了以传统的发光细菌、标准鱼为受试生物进行监测外，为适应快速监测与业务化应用的需要，还可以组合多种小型鱼共同作为受试生物。

（二）水污染源监管应用支撑技术

1. 水污染源源解析技术

为了提高流域水环境保护的针对性，实现环境质量和污染源的识别、追踪，应开展水污染源源解析。水污染源源解析是以建立目标范围内水污染源排放图谱为基础的，在尽可能完整和详细的图谱基础上，利用水污染源源解析模型进行污染源的识别和追踪，明确流域水污染监管的对象。水污染源排放图谱的建立还能支持排污企业细化监测指标，提高监控的针对性。

2. 总量监测技术

总量监测包括点源总量监测与非点源总量监测。总量监测技术要点包括浓度监测、流量监测、总量测算三个方面。对于高频次的监测数据，只要保证各监测时间点浓度和流量数据具有可靠性，就很容易获得总量数据；对于低频次的监测数据，则要考虑浓度与流量数据的代表性问题，若能保证监测数据的代表性，则要考虑如何通过对数据的修正，使有限次获得的排放数据能够反映较长时间序列的结果，即总量测算方法的选取问题。

3. 水污染源应急监测技术

水污染源应急监测包括三个层次：预响应、现场监测、毒性估算。预响应技术是在应急事故发生前开展准备工作时所需要的技术。现场监测主要依靠现场快速监测方法或生物毒性监测方法。毒性估算是在应急事故发生后，根据现场监测结果对废水毒性进行预估。

三、我国水污染源监测监管技术体系存在的问题

（一）点源总量监测存在技术瓶颈

总量测定是总量控制的基础，利用监测数据核实排放总量是总量测定的基础方法。然而，就我国目前的实际情况来看，在主要污染物总量减排、排污收费、环境统计等工作中，直接利用监测数据核算企业排放总量的情况并不普遍。这是因为在保障自动监测数据的准确性、手工监测数据的代表性方面缺乏有效的技术手段，尚无法对总量核算提供有效的技术支撑。总体来说，监测数据可以分为频次较高的自动监测数据和频次相对较低的手工监测数据（由于我国企业自行监测实施较差，手工监测主要是政府部门的监督性监测，故高频次的手工监测数据基本上不存在）。废水自动监测一般2 h出具一个数据，频次较高，数据代表性强。然而，从各地自动监测的实际情况来看，数据质量难以保证，直接利用自动监测数据进行总量测定易受到质疑。我国废水监督性监测一般为一个季度一次，各地根据实际情况可以采用更高的频次，但相对于总量测算的需求而言，频次仍然严重偏低；由于废水排放存在波动性，低频次监测数据的代表性是影响测算结果可靠性的重要因素。这些因素的存在制约了监测数据对总量测定的支撑作用。

（二）缺乏环境质量到污染源的识别、追踪技术

水污染源监管应以改善环境质量为目标，水污染防治行动应与环境质量改善相关联。我国目前确定监管对象及监控指标的方法简单粗放，难以建立以流域环境质量为目标的总量控制管理模式。建立水环境质量与水污染源之间的关联，从环境质量到污染源需要开发识别、追踪技术，从污染源到环境质量需要开发水质模型。国内外关于水质模型的研究已经很多，水质模型和源解析技术的应用均需要以完善的排放图谱为基础，这在我国恰恰是缺乏的。研究开发排放图谱建立技术，形成技术规范与指南，为全国建立全方位的排放图谱奠定技术基础，具有很重要的价值和意义。

第二章 水环境污染的监测

第一节 水体污染与水质监测

一、水体污染

在循环过程中，水不可避免地会混入许多杂质（溶解的、胶态的和悬浮的）。在自然水循环中，由非污染环境混入的物质被称为自然杂质或本底杂质，这些杂质按形态（主要是尺寸大小）可分为悬浮物、胶体和溶解物三类。在社会水循环中，在使用过程中混入的物质被称为污染物。但是，目前由于环境普遍受到污染，污染环境和非污染环境的界限有时很难区分。

（一）水体污染的来源

自然水体受到来自废水、大气、固态废料中的污染物污染被称为水污染。水污染控制包括两个方面：①控制废水水质，不使它对环境造成污染；②研究废水对自然水体的污染规律，以便采取措施，保护水体的使用价值。

水中的污染物质包括悬浮物，酸碱，耗氧有机物，氮、磷等植物性有机物，难降解有机物，重金属，石油类及病原体等。

1.有机污染物

影响水质的污染物质大部分为有机污染物，主要包括以下几类。

（1）需氧有机污染物

需氧有机物包括碳水化合物、蛋白质、油脂、氨基酸、脂肪酸、酯类等有机物质。需氧有机物没有毒性，但水体需氧有机物越多，耗氧越多，水质就越差，水体污染就越严重。

需氧有机物会造成水体缺氧，这对水生生物中的鱼类危害严重。充足的溶解氧是鱼类生存的必要条件，目前水污染造成的死鱼事件绝大多数是由这种类型的污染导致的。当水体中溶解氧消失时，厌氧菌繁殖，形成厌氧分解，发生黑臭，分解出甲烷、硫化氢等有毒有害气体，更不适合鱼类生存和繁殖。

（2）常见的有机毒物

常见的有机毒物包括酚类化合物、有机氯农药、有机磷农药、增塑剂、多环芳烃、多氯联苯等。

2.重金属污染

重金属作为有色金属在人类的生产和生活中有着广泛的应用，因此在环境中存在各种各样的重金属污染源。其中，采矿和冶炼是向环境释放重金属的主要污染源。

水体受重金属污染后，产生的毒性有如下特点：

（1）水体中重金属离子浓度为 0.1 ~ 10 mg/L，即可产生毒性效应。

（2）重金属不能被微生物降解，反而可在微生物的作用下，转化为金属有机化合物，使毒性猛增。

（3）水生生物从水体中摄取重金属并在体内大量积蓄，经过食物链进入人体，甚至经过遗传或母乳传给婴儿。

（4）重金属进入人体后，能与体内的蛋白质及酶等发生化学反应而使其失去活性，并可能在体内某些器官中积累，造成慢性中毒，这种积累的危害有时需要 10 ~ 30 年才会显露出来。因此，污水排放标准都对重金属离子的浓度做了严格的限制，以便控制水污染，保护水资源。引起水污染的重金属主要为汞、铬、镉、铅等。此外，锌、铜、钴、镍、锡等重金属离子对人体也有一定的毒害作用。

3.病原微生物

病原微生物主要来自城市生活污水、医院污水、垃圾及地表径流等。病原微生物的水污染危害历史悠久，至今仍是威胁人类健康和生命的重要水污染类型。洁净的天然水一般含细菌很少，含有的病原微生物就更少了。在水质监测中，细菌总数和大肠杆菌群数常作为病原微生物污染的间接指标。

病原微生物污染的特点是数量大、分布广、存活时间长（病毒在自来水中可存活 2 ~ 288 d）、繁殖速度快、易产生抗药性。传统的二级生化污水经处理及加氯消毒后，某些病原微生物仍能大量存活。因此，此类污染物实际上可通过多种途径进入人体并在体内生存，一旦条件适合，就会引起疾病。病毒种类很多，仅人粪尿中就有 100 多种。常见的有肠道病毒和传染性肝炎病毒。

（二）水污染控制的基本原则

随着各类用水量的不断增加，随废水进入自然水体中的各种成分的物质——污染物的种类和数量都在增加，如果不加大防治力度，水污染问题将越来越严重。为了防止这种情况的出现，必须达到以下目标：①保证长期持久地利用水资源，并使水体环境质量逐步提高，尤其是城市周边的水体；②保护人民的生活和健康状态不受以水为媒介的疾病和病原体的影响；③保持生态系统的完整性。

在我国污水排放总量中，工业废水排放量约占60%。水体中绝大多数有毒有害物质来源于工业废水，工业废水大量排放是造成水环境状况日趋恶化、水体使用功能逐渐下降的重要原因。我国江河流域普遍遭到污染。因此，工业水污染的防治是水污染防治的首要任务。国内外工业水污染防治的经验表明，工业水污染的防治必须采取综合性对策，只有从宏观性控制、技术性控制以及管理性控制三个方面着手，才能收到良好的整治效果。

1.优化产业结构与工业结构

在产业规划和工业发展中，贯穿可持续发展的指导思想，调整产业结构，完成产业结构的优化，使其与环境保护相协调。工业结构的优化与调整应按照"物耗少、能耗少、占地少、污染少、技术密集程度高及附加值高"的原则，限制发展那些能耗大、用水多、污染多的工业，以降低单位工业产品或产值的排水量及污染物排放负荷。

2.技术性控制对策

技术性控制对策主要包括推行清洁生产、节水减污、实行污染物排放总量控制、加强工业废水处理等。

（1）积极推行清洁生产

清洁生产指通过生产工艺的改进和革新、原料的改变、操作管理的强化以及污染物的循环利用等措施，将污染物尽可能地消灭在生产过程中，使污染物排放量减到最少。在工业企业内部加强技术改造，推行清洁生产，是防治工业水污染的最重要的对策与措施。

（2）提高工业用水重复利用率

减少工业用水不仅意味着可以减少排污量，还可以减少工业新鲜用水量。因此，发展节水型工业不仅可以节约水资源，缓解水资源短缺和经济发展的矛盾，还对减少水污染和保护水环境具有十分重要的意义。

工业节约用水措施可分为三种类型：技术型、工艺型与管理型，如表2-1所示。这三种类型的工业节约用水措施可从不同层次控制工业用水量，形成一个严密的节水体系，以达到节水减污的目的。

表2-1　工业节水措施的类型

技术型	工艺型	管理型
间接冷却水的循环使用	改变高耗水型工艺	完善用水计量系统
生产工艺水的回收利用	少用水或不用水	制定和实行用水定额制度
水的串联使用	汽化冷却工艺	实行节水奖励、浪费惩罚制
水的多种使用	空气冷却工艺	制定合理水价
采用各种节水装置	逆流清洗工艺	加强用水考核
	干法洗涤工艺	

工业用水的重复利用率是衡量工业节水程度高低的重要指标。提高工业用水的重复用水率及循环用水率是一项十分有效的节水措施。

（3）实行污染物排放总量控制制度

长期以来，我国工业废水的排放一直采用浓度控制的方法。这种方法对减少工业污染物的排放起到了积极的作用，但也出现了某些工厂采用清水稀释污水以降低污染物浓度的不正当做法。污染物排放总量控制是既要控制工业废水中的污染物浓度，又要控制工业废水的排放量，从而使排放到环境中的污染物总量得到控制。实施污染物排放总量控制是我国环境管理制度的重大转变，将对防治工业水污染起到积极的促进作用。

（4）实行工业废水与城市生活污水集中处理

在建有城市污水集中处理设施的城市，应尽可能地将工业废水排入城市下水道，进入城市污水处理厂，与生活污水合并处理。但工业废水的水质必须满足进入城市下水道的水质标准。对于不能满足标准的工业废水，应在工厂内部先进行适当的预处理，当水质满足标准后，方可排入下水道。实践表明，在城市污水处理厂集中处理工业废水与生活污水能节省基建投资和运行管理费用，并能取得更好的处理效果。

3.管理性控制对策

要实行环境影响评价制度和"三同时"制度，进一步完善污水排放标准和相关的水污染控制法规与条例，加大执法力度，严格限制污水的超标排放。规范各单位的污染物排放口，对各排放口和受纳水体进行在线监测，逐步建立并完善城市和工业排污监测网络与数据库，进行科学的监督和管理，杜绝"偷排"现象。

二、水质监测

（一）水质监测的对象和目的

1.水质监测对象

水质监测对象分为水环境质量监测和水污染源监测。水环境质量监测包括对地表水（江、河、湖、库、渠、海水）和地下水的监测；水污染源监测包括对工业废水、生活污水、医院污水等的监测。

2.水质监测目的

水质监测目的是及时、准确和全面地反映水环境质量现状及发展趋势，为水环境的管理、规划和污染防治提供科学的依据，具体可概括为以下几个方面：

（1）对江、河、湖、库、渠、海水等地表水和地下水中的污染物进行经常性的监测，掌握水质现状及其变化趋势。

（2）对生产和生活废水排放源排放的废水进行监视性监测，掌握废水排放量及其污染物浓度和排放总量，评价其是否符合排放标准，为污染源管理提供依据。

（3）对水环境污染事故进行应急监测，为分析判断事故原因、危害及制定对策提供依据。

（4）为国家政府部门制定水环境保护标准、法规和规划提供有关数据和资料。

（5）为开展水环境质量评价和预测、预报及进行环境科学研究提供基础数据和技术手段。

（6）对环境污染纠纷进行仲裁监测，为判断纠纷原因提供科学依据。

（二）水质监测项目

1.地表水监测项目

（1）江、河、湖、库、渠

在《地表水环境质量标准》（GB 3838—2002）及《污水监测技术规范》（HJ 91.1-2019）中，为满足地表水各类使用功能和生态环境质量要求，将监测项目分为必测项目和选测项目，如表2-2所示。

表 2-2　水质的常规监测项目

水　　质	必测项目	选测项目
河流	水温、pH、溶解氧、高锰酸钾指数、电导率、生化耗氧量、氨氮、汞、铅、挥发酚、石油类	化学耗氧量、总磷、铜、锌、氟化物、硒、砷、六价铬、镉、氰化物、阴离子表面活性剂、硫化物、大肠菌群
湖泊、水库	水温、pH、溶解氧、高锰酸钾指数、电导率、生化耗氧量、氨氮、汞、铅、挥发酚、石油类、总氮、总磷、叶绿素 a、透明度	化学耗氧量、铜、锌、氟化物、硒、砷、六价铬、镉、氰化物、阴离子表面活性剂、硫化物、大肠菌群、微囊藻毒素 –LR

（2）海水监测项目

我国《海水水质标准》（GB 3097—1997）按照海域的不同使用功能和保护目标，将水质分为四类，其监测项目如表 2-3 所示。

表 2-3　海水的常规监测项目

水　　质	常规监测项目
海水	水温、漂浮物、悬浮物、色、臭味、pH、溶解氧、化学需氧量、五日生化耗氧量、汞、镉、铅、六价铬、总铬、铜、锌、硒、砷、镍、氰化物、硫化物、活性磷酸盐、无机氮、非离子态氮、挥发酚、石油类、六六六、滴滴涕、马拉硫磷、甲基对硫磷、苯并（α）芘、阴离子表面活性剂、大肠菌群、病原体、放射性核素（^{60}Co、^{90}Sr、^{106}Rn、^{134}Cs、^{137}Cs）

2. 地下水水质监测项目

为保护和合理开发地下水资源，防止和控制地下水污染，保障人民饮用水安全，促进工农业发展，2017 年我国颁布了《地下水质量标准》（GB/T 14848—2017）并于 2018 年 5 月 1 日开始实施，代替已沿用 20 多年的《地下水质量标准》（GB/T 14848—1993）。在新版标准中，水质监测项目共计 93 项，其中常规监测项目 39 项，非常规监测项目 54 项。常规监测项目中包括感官性状和一般化学指标 20 项，即色（度）、臭和味、肉眼可见物、浑浊度、pH、挥发酚、氨氮、总硬度、溶解性固体、铁、锰、铜、锌、铝、钠、耗氧量、硫酸盐、氯化物、硫化物和阴离子合成洗涤剂；毒理学项目 15 项，即氟化物、碘化物、硝酸盐、亚硝酸盐、氰化物、砷、硒、汞、六价铬、铅、镉、三氯甲烷、四氯化碳、苯和甲苯；微生物指标 2 项，即总大肠菌群和菌落总数；放射性指标 2 项，即总 α 放射性和总 β 放射性。非常规监测项目 54 项均为毒理学指标，在总共 69 种毒理学指标中，无机物项目 20 项，有机物项目 49 项，所确定的分类限值充分考虑了人体健康基准和风险。

3. 生活饮用水与集中式饮用水水源地的水质监测项目

我国饮用水与集中式饮用水水源地水质标准所设监测指标有高度一致性，均有常规（必测）项目和非常规（选测）项目。

《生活饮用水卫生标准》（GB 5749—2006）中的水质监测指标共计 106 项，其中微生物指标 6 项，饮用水消毒剂指标 4 项，毒理学指标中无机物指标 21 项、有机物指标 53 项，感官性状和一般理化指标 20 项，放射性指标 2 项。在借鉴欧盟、美国、俄罗斯和日本等的饮用水标准并充分考虑我国实际情况的基础上，我国已实现了与国际标准的接轨。

饮用水监测的常规项目和非常规项目如表 2-4 所示。

表 2-4　生活饮用水的监测项目

水　质	常规项目	非常规项目
生活饮用水	总大肠菌群、耐热大肠菌群、大肠埃希菌、菌落总数（以上 4 项为微生物指标）；砷、镉、六价铬、铅、汞、硒、氰化物、氟化物、硝酸盐、三氯甲烷、四氯化碳、溴酸盐、甲醛（使用臭氧消毒）、亚氯酸盐（使用二氧化氯消毒）、氯酸盐（使用复合二氧化氯消毒）（以上 15 项为毒理指标）；色度、浑浊度、臭和味、肉眼可见物、pH、溶解性总固体、总硬度、耗氧量、挥发酚类、阴离子合成洗涤剂、铝、铁、锰、铜、锌、氯化物、硫酸盐（以上 17 项为感官性状和一般化学指标）；总 α 放射性、总 β 放射性（以上 2 项为放射性指标）；氯气及游离氯制剂（游离氯）、一氯胺（总氯）、臭氧、二氧化氯（以上 4 项为饮用水消毒剂指标）	贾第鞭毛虫、隐孢子虫（以上 2 项为微生物指标）；锑、钡、铍、硼、钼、镍、银、铊、氯化氰、一氯二溴甲烷、二氯一溴甲烷、二氯乙酸、1,2- 二氯乙烷、二氯甲烷、三卤甲烷（三氯甲烷、一氯二溴甲烷、二氯一溴甲烷、三溴甲烷的总和）、1,1,1- 三氯乙烷、三氯乙酸、三氯乙醛、2,4,6- 三氯酚、三溴甲烷、七氯、马拉硫磷、五氯酚、六六六、六氯苯、乐果、对硫磷、灭草松、甲基对硫磷、百菌清、呋喃丹、林丹、毒死蜱、草甘膦、敌敌畏、莠去津、溴氰菊酯、三氯乙烯、四氯乙烯、氯乙烯、苯、甲苯、二甲苯、乙苯、苯乙烯、苯并（α）芘、氯苯、1,2- 二氯苯、1,4- 二氯苯、三氯苯、邻苯二甲酸二（2- 乙基己基）酯、丙烯酰胺、六氯丁二烯、滴滴涕、1, 1- 二氯乙烯、1,2- 二氯乙烯、环氧氯丙烷、2,4- 二氯苯氧基乙酸（2,4-D）、微囊藻毒素 -LR(以上 59 项为毒理指标）；氨氮、硫化物、钠（以上 3 项为感官性状和一般化学指标）

集中式饮用水水源地的选择原则如下：依据城市远期和近期规划，历年水质、水文、水文地质、环境影响评价资料，取水点及附近地区的卫生状况和地方病等因素，从卫生、环保、水资源、技术等多方面进行综合评价，经当地卫生行政部门水源水质监测和卫生学评价合格后，该地方才可作为水源地。目前，水源地监测指标共计 110 项，其中增加了与水体运输过程、农业面源污染等相关的项目，如苯系物、硝基苯类和农药等。水源地水质项目与生活饮用水水质指标最大的不同在于水源地水质项目中无消毒剂指标和微生物指标。

水源地水质监测常规项目和非常规项目如表 2-5 所示。

表 2-5　集中式饮用水水源地的监测项目

水　质	常规项目	非常规项目
水源地	水温、pH、溶解氧、悬浮物、高锰酸盐指数、化学需氧量、五日生化需氧量、氨氮、总磷、总氮、铜、锌、氟化物、铁、锰、硒、砷、汞、镉、六价铬、铅、氰化物、挥发酚、石油类、阴离子表面活性剂、硫化物、硫酸盐、氯化物、硝酸盐和粪大肠菌群	三氯甲烷、四氯化碳、三溴甲烷、二氯甲烷、1,2-二氯乙烷、环氧氯丙烷、氯乙烯、1,1-二氯乙烯、1,2-二氯乙烯、三氯乙烯、四氯乙烯、氯丁二烯、六氯丁二烯、苯乙烯、甲醛、乙醛、丙烯醛、三氯乙醛、苯、甲苯、乙苯、二甲苯、异丙苯、氯苯、邻二氯苯、对二氯苯、三氯苯、四氯苯、六氯苯、硝基苯、二硝基苯、2,4-二硝基甲苯、2,4,6-三硝基甲苯、硝基氯苯、2,4-二硝基氯苯、2,4-二氯酚、2,4,6-三氯酚、五氯酚、苯胺、联苯胺、丙烯酰胺、丙烯腈、邻苯二甲酸二丁酯、邻苯二甲酸二（2-乙基己基）酯、水合肼、四乙基铅、吡啶、松节油、苦味酸、丁基黄原酸、活性氯、滴滴涕、林丹、环氧七氯、对硫磷、甲基对硫磷、马拉硫磷、乐果、敌敌畏、敌百虫、内吸磷、百菌清、甲萘威、溴氰菊酯、阿特拉津、苯并（α）芘、甲基汞、多氯联苯、微囊藻毒素-LR、黄磷、钼、钴、铍、硼、锑、镍、钡、钒、钛、铊

4.污水监测项目

污水的常规监测项目分为必测项目和选测项目，如表 2-6 所示。

表 2-6　污水的常规监测项目

类　型	必测项目	选测项目
黑色金属矿山（包括磁铁矿、赤铁矿、锰矿等）	pH、悬浮物、重金属	硫化物、锑、铋、锡、氯化物

续 表

类　型	必测项目	选测项目
钢铁工业（包括选矿、烧结、焦化、炼铁、炼钢、轧钢等）	pH、悬浮物、COD、挥发酚、油类、氰化物、六价铬、锌、氨氮	硫化物、氟化物、BOD_5、铬
选矿药剂	COD、BOD_5、悬浮物、氰化物、重金属	
有色金属矿山及冶炼（包括选矿、烧结、电解、精炼等）	pH、COD、氰化物、悬浮物、重金属	硫化物、铍、铝、钒、钴、锑、铋
非金属矿物制品业	pH、悬浮物、COD、BOD_5	油类
煤气生产和供应业	pH、悬浮物、COD、BOD_5、油类、重金属、挥发酚、硫化物	苯并（α）芘、挥发性卤代烃
火力发电（热电）	pH、悬浮物、硫化物、COD	BOD_5
电力、蒸汽、热水生产和供应业	pH、悬浮物、硫化物、COD、挥发酚、油类	BOD_5
煤炭采造业	pH、悬浮物、硫化物	砷、油类、汞、挥发酚、COD、BOD_5
焦化	COD、悬浮物、挥发酚、氨氮、氰化物、油类、苯并（α）芘	总有机碳
石油开采	COD、BOD_5、悬浮物、油类、硫化物、挥发性卤代烃、总有机碳	挥发酚、总铬

（三）水质监测分析方法

1.水质监测分析基本方法

按照监测方法所依据的原理，水质监测常用的方法有化学法、电化学法、原子吸收分光光度法、离子色谱法、气相色谱法、液相色谱法、等离子体发射光谱法等。其中，化学法（包括重量法、滴定法）和原子吸收分光光度法是目前国内外水环境常规监测普遍采用的方法，各种仪器分析法也越来越普及，各种方法测定的项目如表 2-7 所示。

表 2-7 常用水环境监测方法测定项目

方 法	测定项目
重量法	悬浮物、可滤残液、矿化度、油类、SO_4^{2-}、Cl^-、Ca^{2+} 等
滴定法	酸度、碱度、溶解氧、总硬度、氨氮、Ca^{2+}、Mg^{2+}、Cl^-、F^-、CN^-、SO_4^{2-}、S^{2-}、Cl_2、COD、BOD_5（五日生化需氧量）、挥发酚等
分光光度法	Ag、Al、As、Be、Ba、Cd、Co、Cr、Cu、Hg、Mn、Ni、Pb、Sb、Se、Th、U、Zn、NO_2-N、氨氮、凯氏氮、PO_4^{3-}、F^-、Cl^-、S^{2-}、SO_4^{2-}、Cl_2、挥发酚、甲醛、三氯甲烷、苯胺类、硝基苯类、阴离子表面活性剂等
荧光分光光度法	Se、Be、U、油类、BaP 等
原子吸收法	Ag、Al、Be、Ba、Bi、Ca、Cd、Co、Cr、Cu、Fe、Hg、K、Na、Mg、Mn、Ni、Pb、Sb、U、Zn 等
冷原子吸收法	As、Sb、Bi、Ge、Sn、Pb、Se、Te、Hg 等
原子荧光法	As、Sb、Bi、Se、Hg 等
火焰光度法	La、Na、K、Sr、Ba 等
电极法	Eh、pH、DO、F^-、Cl^-、CN^-、S^{2-}、NO_3^-、K^+、Na^+、NH_4^+
离子色谱法	F^-、Cl^-、Br^-、NO_2^-、NO_3^-、SO_3^{2-}、SO_4^{2-}、$H_2PO_4^-$、K^+、Na^+、NH_4^+
气相色谱法	Be、Se、苯系物、挥发性卤代烃、氯苯类、六六六、滴滴涕、有机磷农药、三氯乙醛、硝基苯类、PCB 等
液相色谱法	多环芳烃类
ICP-AES	用于水中基体金属元素、污染重金属及底质中多种元素的同时测定

2.水质监测分析方法的选择

（1）我国现行的水质监测分析方法分类

一个监测项目往往有多种监测方法。为了保证监测结果的可比性，在大量实践的基础上，世界各国对各类水体中的不同污染物都颁布了相应的标准分析方法。我国现行的水质监测分析方法按照其成熟程度可分为标准分析方法、统一分析方法和等效分析方法三类。

①标准分析方法

标准分析方法包括国家和行业标准分析方法。这些方法是环境污染纠纷法定的仲裁方法，也是用于评价其他分析方法的基准方法。

②统一分析方法

有些项目的监测方法不够成熟，但这些项目又亟需监测，这些监测方法可经过研究作为统一方法予以推广。在使用这些监测方法过程中积累经验，使其不断完善，为其上升为国家标准方法创造条件。

③等效分析方法

与前两类方法的灵敏度、准确度、精确度具有可比性的分析方法被称为等效分析方法。这类方法可能是一些新方法、新技术，应鼓励有条件的单位先用起来，以推动监测技术的进步。但是，新方法必须经过方法验证和对比实验，证明其与标准分析方法或统一分析方法是等效的才能使用。

（2）选择水质监测分析方法应考虑的因素

由于水质监测样品中污染物含量的差距大，试样的组成复杂，且日常监测工作中试样数量大、待测组分多、工作量较大，所以选择分析方法时应综合考虑以下几方面因素：

①为了使分析结果具有可比性，应尽可能采用标准分析方法。若因某种原因采用新方法，必须经过方法验证和对比实验，证明新方法与标准方法或统一方法是等效的。在涉及污染物纠纷的仲裁时，必须用国家标准分析方法。

②对于尚无"标准"或"统一"分析方法的检测项目，可采用国际标准化组织（ISO）、美国环境保护署（EPA）和日本工业标准（JIS）方法体系等其他等效分析方法，同时应经过验证，保证检出限、准确度和精密度能达到质控要求。

③方法的灵敏度要满足准确定量的要求。对于高浓度的成分，应选择灵敏度相对较低的化学分析法，避免高倍数稀释操作而引起大的误差。对于低浓度的成分，则可根据已有条件采用分光光度法、原子吸收法或其他较为灵敏的仪器分析法。

④方法的抗干扰能力要强。方法选择得好，不但可以省去共存物质的预分离操作，而且能提高测定的准确度。

⑤对多组分的测定应尽量选用同时兼有分离和测定的分析方法，如气相色谱法、高效液相色谱法等，以便在同一次分析操作中同时得到各个待测组分的分析结果。

⑥在经常性测定中，或者待测项目的测定次数频繁时，要尽可能选择方法稳定、操作简便、易于普及、试剂无毒或毒性较小的方法。

三、河流水质监测断面优化

水质监测分析是水环境监测管理的基础，通过分析得到水质和污染情况，可以发现流域内的主要污染问题，掌握水体质量的时空规律，从而为水环境监管、水污染防治等提供科学支撑。

（一）水质监测断面优化筛选

登沙河流域内现有杨家市控考核断面及登化国控考核断面如图 2-1 所示，考核标准分别执行国家《地表水环境质量标准》（GB 3838—2002）Ⅲ类、Ⅳ类标准。2014 年的监测结果显示：杨家市控考核断面，全年除 3 月、5 月、6 月、7 月、12 月以外，其余月份各因子均达标，断面达标率为 58.3%，超标月的超标污染因子主要为氨氮和总磷；登化国控考核断面，全年 1 月、6 月、7 月、11 月达标，其余月份均超标，断面达标率仅为 33.3%，超标月的超标污染因子主要为总磷、氨氮和 COD。2015 年的监测结果显示：杨家市控考核断面，全年断面监测均超标，超标月的超标污染因子主要为氨氮和总磷；登化国控考核断面，全年 5 月、10 月、11 月、12 月达标，断面达标率为 33.3%，超标月的超标污染因子主要为氨氮、总磷和 COD。近年水质监测结果表明，登沙河控制断面多次出现不达标情况[①]。流域内监测断面少且分布不均匀，无法对污染严重的区域进行有效的监测，也无法实现对控制断面预警。因此，为了满足水环境监管的需求，需要更加精细化的水质监测网络，以支撑水质动态监视、污染溯源解析、责任落实等工作。需要权衡效益和成本，科学合理地提出断面空间优化布设方案。

根据地表水监测断面的布设原则，结合登沙河流域的实际情况，选定 10 个水质监测断面作为初始断面，其中 8 号断面为杨家市控考核断面，10 号断面为登化国控考核断面。2018 年 10 月至 2019 年 6 月（2019 年 1 月、2 月由于河流结冰和断流，缺测），在 1～10 号断面，每月开展一次水质监测。基于多参数水质监测平台（EXO）及实验室分析，测定 11 项水质指标，包括 pH、温度、DO、浊度、COD、叶绿素、氨氮、总磷、总氮、硝酸盐、亚硝酸盐。

---

① 翟敏婷,辛卓航,韩建旭,等.河流水质模拟及污染源归因分析[J].中国环境科学，2019,39(8): 3457-3464.

/ 027 /

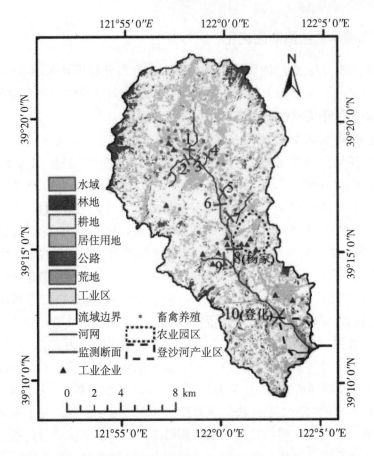

图 2-1　登沙河流域现有监测断面位置图

　　按照地表水监测断面布设规范在登沙河流域布设水质监测断面,然后基于断面水质监测数据,采用系统聚类法、模糊聚类法和物元分析法对监测断面进行优化,并对优化后结果的代表性和重复性进行检验,从而实现以尽量少的监测断面捕捉流域水环境状况,建立符合区域自然地理特征及人类活动影响的科学的、目的明确的水环境监测网络,为流域水环境长效监管提供基础数据支撑。具体技术路线如图 2-2 所示。

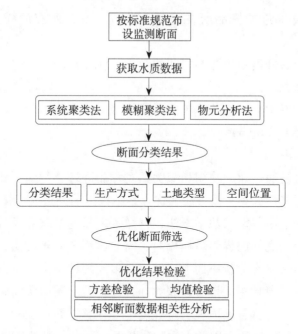

图 2-2　监测断面优化技术路线图

（二）水质监测断面优化方法

1.系统聚类法

聚类分析是统计学中的"物以类聚"的分析方法，根据研究对象某一方面或某些方面性质上的亲疏程度把研究对象分割成不同的类，使每个类内的相似度达到最高而降低类间的相似度[①]。聚类分析方法有很多种，其中比较常用的包括 k 均值聚类、系统聚类和模糊聚类等。

系统聚类法的优点是操作简单，有多种计算类别间距离的方法，所以被广泛应用于实际研究中[②]，其基本思想如下：所研究的样品或指标之间存在程度不同的相似性，这种相似性是以样品之间的距离来衡量的，因此可以根据样品的多个观测指标，具体找出一些能够度量样品或指标之间相似程度的统计量，以这些统计量为依据进行分类，这个聚类的过程可以用聚类分析谱系图表达出来。本节采用 SPSS 软件编程实现系统聚类分析，具体步骤如下：

（1）样品指标的预处理。

（2）计算每两个样品之间的距离，从而构成距离矩阵。

---

① 杨小兵.聚类分析中若干关键技术的研究 [D].杭州：浙江大学，2005.

② 张恩会.基于灰色关联与系统聚类的空气质量影响因素分析 [D].湘潭：湘潭大学，2019.

（3）把距离接近的样品所在的类合并成一类，所有的样品组成了新的分类。

（4）计算新的分类中每两类之间的距离，同样距离接近的两个类合并成一类，组成新的分类。

（5）重复步骤（4），直至所有样品合并成一个大类。

（6）画出聚类分析谱系图。

2. 模糊聚类法

模糊聚类法是通过建立模糊相似关系对样品进行分类的，即根据样品间的特征、相似性等进行分类，该方法的优点是结果更加贴近实际情况。

聚类分析是采用一定的数学方法，将样本之间的亲疏关系进行量化，但是当聚类涉及的事物之间的界限较模糊时，需要运用模糊聚类法，该方法是将模糊数学的概念引入聚类分析中而形成的定量多元统计聚类分析方法。模糊聚类法被广泛应用在气象预报、地质、农业等方面，而水质监测断面的特点是在布设上的不确定性大，且各断面在一定程度上存在着重叠性、交叉性，表现出一定的"亦此亦彼"的性质，因此水质监测断面适合进行模糊划分[1]。

本节采用 MATLAB 软件编程实现该方法的各个步骤[2]，具体步骤如下。

（1）建立原始数据矩阵

假设有 n 个待分类的水质监测断面，每个断面都包含 m 个水质指标，则原始数据矩阵为

$$X = \begin{bmatrix} X_{11} & \cdots & X_{1m} \\ \vdots & \ddots & \vdots \\ X_{n1} & \cdots & X_{nm} \end{bmatrix} \qquad (2-1)$$

（2）数据标准化处理

水质监测断面的各水质指标的数量大小和量纲差别很大，不能用原始数据进行计算，因为一些数量较大的指标会对分类结果产生十分明显的影响，进而使一些数量较小的指标的作用被忽略。在建立原始数据矩阵之后，采用标准差规格化法、均值规格化法、极差规格化法等方法对原始数据进行标准化处理。

（3）建立模糊相似矩阵

对原始数据进行标准化处理后，就可以建立用来描述断面相似程度的模糊相似矩阵 R。

① 姜厚竹. 松花江流域省界缓冲区水质监测指标与断面优化 [D]. 哈尔滨：东北林业大学，2017.

② 王静. 湟水水环境监测断面优化设置研究 [J]. 青海环境，2002, 12(1): 27-29.

$$R = \begin{bmatrix} X_{11} & \cdots & X_{1m} \\ \vdots & \ddots & \vdots \\ X_{n1} & \cdots & X_{nm} \end{bmatrix} \tag{2-2}$$

欧式距离法常用于计算代表断面之间相似程度的系数 r_{ij}，公式为

$$r_{ij} = 1 - c\sqrt{\sum_{k=1}^{m}\left(X_{ik} - X_{jk}\right)^2} \tag{2-3}$$

式中：c 为使 $0 \leqslant r_{ij} \leqslant 1$ 的常数，$i, j = 1, 2, \cdots, n$。

（4）建立模糊等价矩阵

模糊相似矩阵 R 具有自反性和对称性，但是不具有矩阵的传递性。因此，为了实现水质监测断面最终的聚类，需要使用自乘方法构建模糊等价矩阵，即 $R \rightarrow R^2 \rightarrow R^4 \rightarrow \cdots \rightarrow R^{2k}$，经过有限次自乘运算之后，使 $R^{2k} = R^{2(k+1)}$，则 $t(R) = R^{2k}$ 就是模糊等价关系[1]。

（5）水质监测断面分类

构建模糊等价矩阵之后，再利用置信水平 λ 集的不同标准（$\lambda \in [0,1]$），在模糊等价矩阵上截集来获取不同置信水平下的断面分类结果，画出聚类分析谱系图。

3. 物元分析法

物元分析是研究物元，探讨如何求解不相容问题的一种方法，由我国学者蔡文首创[2]。该方法的应用范围十分广泛，包括公共管理、市场营销和大气环境等领域[3]。由于水质监测断面的污染指标相对较多，而且各项污染指标优选的断面结果往往是不相容的，因此求解不相容问题的物元分析法在水质监测断面优化中也有一些应用[4]。相比其他一些优化方法，物元分析法的优点是计算结果准

①　HOODA H, NANDA R. Implementation of k-Means clustering algorithm in CUDA[J]. International journal of enhanced research in management & computer applications, 2014, 3(9): 15-24.

②　蔡文. 可拓论及其应用 [J]. 科学通报, 1999, 44(7): 673-682.

③　李蒙. 基于物元分析的供应链绩效评价研究 [D]. 西安：长安大学, 2011.

④　屈宜春, 关庆利. 水质监测优化布点的物元分析法 [J]. 黑龙江水利科技, 1998, 1(20): 50-51, 55.

确，而且可将复杂问题通过模型等手段简单化，该方法在水质监测断面优化中的应用具体包括以下几个步骤[①]。

（1）根据所有水质监测断面的各项污染指标监测值，选出各项污染指标的最佳值 a、最劣值 b 和均值 c；构建两个标准物元矩阵 $\boldsymbol{R}_{AC}$ 和 $\boldsymbol{R}_{CB}$ 以及一个节域物元矩阵 $\boldsymbol{R}_{AB}$。

$$\boldsymbol{R}_{AC} = \begin{bmatrix} M_{AC} & Q_1(a_1, c_1) \\ & \vdots \\ & Q_m(a_m, c_m) \end{bmatrix} \tag{2-4}$$

$$\boldsymbol{R}_{CB} = \begin{bmatrix} M_{CB} & Q_1(c_1, b_1) \\ & \vdots \\ & Q_m(c_m, b_m) \end{bmatrix} \tag{2-5}$$

$$\boldsymbol{R}_{AB} = \begin{bmatrix} M_{AB} & Q_1(a_1, b_1) \\ & \vdots \\ & Q_m(a_m, b_m) \end{bmatrix} \tag{2-6}$$

式中：M 为对象；$Q_1, Q_2, \cdots, Q_m$ 为各项污染指标；$a_1, a_2, \cdots, a_m$ 为各项污染指标的最佳值；$c_1, c_2, \cdots, c_m$ 为各项污染指标的平均值；$b_1, b_2, \cdots, b_m$ 为各项污染指标的最劣值。

（2）将每个监测断面的污染指标值构成一个待优化的物元矩阵，分别建立该物元与两个标准物元矩阵之间的线性关联函数 $\left(K_A(x_{ij}), K_B(x_{ij})\right)$ 和综合关联函数 $\left(K_A(x_i), K_B(x_i)\right)$，公式如下：

$$K_A(x_{ij}) = \frac{x_{ij} - c_j}{c_j - a_j} \tag{2-7}$$

$$K_B(x_{ij}) = \frac{x_{ij} - c_j}{c_j - b_j} \tag{2-8}$$

$$K_A(x_i) = \sum_{j=1}^{m} \omega_j K_A(x_{ij}) \tag{2-9}$$

---

① 樊引琴，李娴，刘婷婷，等．物元分析法在水质监测断面优化中的应用 [J]．人民黄河，2012，34(11)：82-84.

$$K_B(x_i) = \sum_{j=1}^{m} \omega_j K_B(x_{ij}) \qquad (2\text{-}10)$$

式中：x_{ij} 为 i 断面 j 污染指标监测值；ω_j 为 j 污染指标的权值。

（3）以 $K_A(x_i)$ 和 $K_B(x_i)$ 为坐标轴，绘制监测断面的点聚图，根据图形中各断面的分布情况确定水质监测断面的分类。

（三）水质状况分析

综合考虑研究区的干支流分布、污染源特征及下垫面情况，选定 10 个水质监测断面（图 2-1），其中 8 号断面为杨家市控考核断面、10 号断面为登化国控考核断面，定期采集水样，获取每个监测断面的水质数据。在断面优化中，取各断面、各指标历次监测数据的均值作为初始优化样本。

首先基于水质断面监测结果对登沙河的水质状况进行评价，各断面主要水质指标历次监测的均值如表 2-8 所示。

表 2-8　监测断面主要污染物均值

监测断面	氨氮 （mg·L⁻¹）	总磷 （mg·L⁻¹）	总氮 （mg·L⁻¹）	DO （mg·L⁻¹）	COD （mg·L⁻¹）
1	15.09	0.36	16.80	6.54	42.78
2	1.00	0.04	3.76	9.79	35.26
3	11.34	0.27	13.40	7.15	40.85
4	2.28	0.11	3.76	6.81	29.34
5	0.11	0.03	3.38	10.99	15.55
6	9.12	0.27	12.20	6.25	33.75
7	0.48	0.06	4.41	8.14	29.67
8	1.40	0.16	3.60	12.12	39.34
9	0.25	0.04	2.97	9.90	27.95
10	2.40	0.12	3.80	6.14	138.40

由表 2-8 可知，对于氨氮，70% 监测断面（断面 1、2、3、4、6、8、10）未达到《地表水环境质量标准》（GB 3838—2002）Ⅲ类标准，50% 监测断面（断

面1、3、4、6、10）为劣Ⅴ类，其中最大浓度达到15.09 mg/L，接近Ⅴ类水体标准浓度（2 mg/L）的8倍；对于总磷，30%监测断面（断面1、3、6）未达到Ⅲ类标准，10%监测断面（断面1）未达到Ⅳ类标准，所有断面均优于Ⅴ类标准；对于总氮，所有监测断面均为劣Ⅴ类，其中最大浓度达到16.80 mg/L，约为Ⅴ类水体标准浓度（2 mg/L）的8倍；对于DO，所有监测断面均优于Ⅱ类标准；对于COD，90%监测断面（断面1、2、3、4、6、7、8、9、10）未达到Ⅲ类标准，60%监测断面（断面1、2、3、6、8、10）未达到Ⅳ类标准，30%监测断面（断面1、3、10）为劣Ⅴ类，其中最大浓度达到138.40 mg/L，是Ⅴ类水体标准浓度（40 mg/L）的3倍多。综上所述，对于研究流域而言，总氮的超标现象最为严重，其次是氨氮和COD，部分监测断面也存在总磷超标的现象。

（四）断面优化分类结果

1.系统聚类法断面优化

基于上文介绍的系统聚类方法，以水质监测数据为基础，得到监测断面的系统聚类图，如图2-3所示。

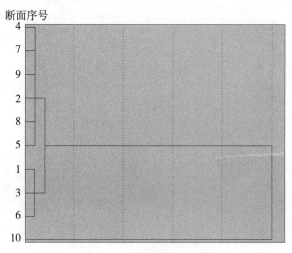

图2-3　系统聚类分析结果

从图2-3中可知，监测断面被划分为三类：

（1）1、3、6号断面为一类，这3个断面的氨氮、总氮浓度均为劣Ⅴ类，总磷均未达到Ⅲ类标准，且指标浓度远远大于其他断面（表2-8），1号断面为普兰店入金州新区的跨界断面，周围分布密集的养殖场和零散工业企业，故水质状况较差，3号断面位于密集的居民区附近，且3、6号断面是干流断面，均受1号断面水质影响，加之2、4、5号支流的监测指标浓度相对较小，故1、3、6号断面相似。

（2）10号断面为一类，该断面的COD浓度远远高于其他断面，氨氮和总磷浓度也高于上游相邻断面（表2-8），主要原因在于10号断面临近工业产业园区，部分工业企业排口位于断面上游，加之受海水上溯顶托影响，工业企业污染排放导致该断面有机污染严重。

（3）其余断面2、4、5、7、8、9为一类，这些断面的水质指标浓度相对而言较为接近（表2-8），除8号断面外，其余断面均位于支流，周边土地类型主要为耕地，零散分布着养殖户和工业企业。

当所有断面分为两类时，10号断面单独分为一类，其余断面分为一类，主要由于10号断面受工业产业园区及海水上溯顶托影响，有机污染严重，COD浓度远超其他断面，而其他断面的周边土地利用类型以居住用地、畜禽养殖和农业耕地为主。

2.模糊聚类法断面优化

基于上文介绍的模糊聚类法，以10个断面的水质监测数据为基础，建立模糊等价关系矩阵，选取不同的 λ（ $\lambda \in [0,1]$ ）截集来获取不同置信水平下的断面分类结果， λ 由大到小对应监测断面分类由多到少。为便于作图和分析，以 $1-\lambda$ 为纵轴绘制断面聚类图，如图2-4所示。

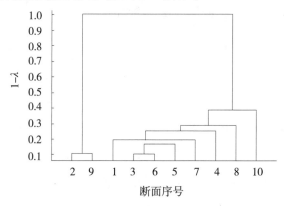

图2-4　模糊聚类分析结果

从图2-4中可知，模糊聚类法的分类结果与系统聚类法有少许差别，结合现有监测断面个数以及理想的优化结果，分析结果为四类和三类时的情况。当置信水平为0.744时，所有断面分为四类：

（1）1、3、4、5、6、7号断面为一类，这些断面均处于流域的中上游，周边的土地利用类型主要为耕地和居住用地，并有零散分布的畜禽养殖用地，同时，干流和支流之间存在水力联系，如 1 号断面水质较差则会影响 3 号断面水质。

（2）2、9 号断面为一类，这两个断面均位于支流，周边土地利用类型相似，各项水质指标的监测值都较为接近，与其他断面的相似度不高。

（3）8 号断面单独为一类，其周围分布着密集的工业及农业园区，且该断面位于 1～7 号断面的下游，该断面的水质受多因素共同作用。

（4）10 号断面单独为一类，这与系统聚类法结果一致。

当置信水平为 0.711 时，所有断面分为三类，8 号断面与 1、3、4、5、6、7 号断面并为一类，这与系统聚类法的结果类似。

3.物元分析法断面优化

基于监测断面的各项污染指标，拟定出最佳值、最劣值和均值，由各项污染指标的量值范围构建两个物元矩阵 $\boldsymbol{R}_{AC}$ 和 $\boldsymbol{R}_{CB}$，然后由最佳值和最劣值组成一个节域物元矩阵 $\boldsymbol{R}_{AB}$。

利用式（2-7）、式（2-8）计算得到每个监测断面各项污染指标的关联函数 $\left(K_A\left(x_{ij}\right),\ K_B\left(x_{ij}\right)\right)$，如表 2-9 所示。

表 2-9　监测断面线性关联函数

监测断面	$K_A\left(x_{ij}\right)$					$K_B\left(x_{ij}\right)$				
	氨氮	总磷	总氮	DO	COD	氨氮	总磷	总氮	DO	COD
1	2.54	1.83	2.60	0.49	−0.02	−1.00	−1.00	−1.00	−0.82	0.01
2	−0.79	−0.92	−0.79	−0.38	−0.29	0.31	0.51	0.31	0.63	0.08
3	1.65	1.10	1.72	0.33	−0.09	−0.65	−0.60	−0.66	−0.55	0.03
4	−0.49	−0.30	−0.79	0.42	−0.50	0.19	0.16	0.30	−0.70	0.15
5	−1.00	−1.00	−0.89	−0.70	−1.00	0.39	0.55	0.34	1.16	0.29
6	1.13	1.09	1.40	0.57	−0.34	−0.44	−0.60	−0.54	−0.95	0.10
7	−0.91	−0.75	−0.63	0.06	−0.49	0.36	0.41	0.24	−0.11	0.14
8	−0.70	0.10	−0.84	−1.00	−0.14	0.27	−0.05	0.32	1.66	0.04
9	−0.97	−0.92	−1.00	−0.41	−0.55	0.38	0.50	0.38	0.68	0.16

续 表

监测断面	$K_A(x_{ij})$					$K_B(x_{ij})$				
	氨氮	总磷	总氮	DO	COD	氨氮	总磷	总氮	DO	COD
10	−0.46	−0.21	−0.78	0.60	3.43	0.18	0.11	0.30	−1.00	−1.00

基于《地表水环境质量标准》（GB 3838—2002）中分级标准的指数超标法计算污染指标的权值，从而得到各项污染指标归一化权值 ω_j，如表 2-10 所示。然后根据式（2-9）、式（2-10）计算得到监测断面的综合关联函数 $\left(K_A(x_i), K_B(x_i)\right)$，如表 2-11 所示。最后绘制出点聚图，如图 2-5 所示。

表 2-10 污染指标归一化权值结果

指 标	S_j	$\overline{x}_J / S_j$	ω_j
氨氮	1.03	4.22	0.28
总磷	0.21	0.72	0.05
总氮	1.04	6.54	0.43
DO	4.70	1.78	0.12
COD	24.00	1.80	0.12

注：S_j 为 j 因子各级标准值的平均值；$\overline{x}_J$ 为 j 因子监测值的平均值；$\overline{x}_J / S_j$ 为指数超标法计算的权值；ω_j 为第 j 种污染物的归一化权值。

表 2-11 各监测断面综合关联函数

监测断面	1	2	3	4	5	6	7	8	9	10
$K_A(x_i)$	1.98	−0.69	1.29	−0.51	−0.92	1.00	−0.61	−0.69	−0.86	0.00
$K_B(x_i)$	−0.86	0.33	−0.56	0.13	0.46	−0.49	0.23	0.42	0.40	−0.05

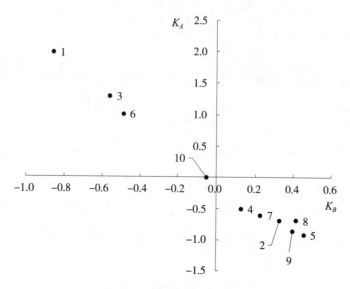

图 2-5 物元分析优化结果

由图 2-5 可见，根据物元分析结果，登沙河流域水质监测断面可以分为三类：第一类为 1、3、6 号断面，位于第 II 象限内，$K_A > 0$ 符合最佳点条件，相似度较高，故分为一类；第二类为 10 号断面，其接近原点；第三类为 2、4、5、7、8、9 号断面，均位于第 IV 象限内，$K_B > 0$ 符合最次点条件，相似度较高，故分为一类。由此可见，基于物元分析法的分类结果与系统聚类法一致，分类结果主要受各断面周边的土地利用类型及污染源特征影响。

4.优化断面筛选

汇总不同优化方法得到的结果如表 2-12 所示，结合各断面所处的土地利用类型、生产方式以及空间分布进行断面的优化筛选。

表 2-12 不同优化方法的优化结果

优化方法	断面分类	
系统聚类法 物元分析法	第一类	1、3、6
	第二类	2、4、5、7、8、9
	第三类	10
模糊聚类法	第一类	1、3、4、5、6、7
	第二类	2、9
	第三类	8
	第四类	10

10 号断面为现有国控考核断面，且在三种优化结果里均单独为一类，故将其保留。8 号断面为现有市控考核断面，且模糊聚类法将其单独划分为一类，故保留该断面。1、3、6 号断面在三种优化结果里均处于同一类中，1 号断面为普兰店流入金州新区的跨界断面，需要保留，3 号断面和 1 号断面相邻且有水力联系，而 6 号断面距 1 号断面较远，且中间有支流汇入，故考虑到断面布设的代表性和均匀性，舍弃 3 号断面，保留 6 号断面。对于 2、4、5、7、9 号断面，2、9 号断面在模糊聚类结果中为一类，2 号断面靠近上游，且周围分布诸多养殖场，故保留 2 号断面；4、5、7 号断面均为左岸的支流，周边土地利用类型均以居住用地、畜禽养殖用地和农业耕地为主，考虑断面在流域分布的均匀性，保留 5 号断面。

综上所述，最终确定优化后的水质监测断面为 1、2、5、6、8、10（图 2-6），相比于最初布设点位，断面个数缩减了 40%。因此，根据多时空尺度的监测断面实测水质数据进行点位优化，可避免由于主观判断造成的断面布设冗余、重复及覆盖不全的情况，在显著提高监测效率的同时节约监测成本。

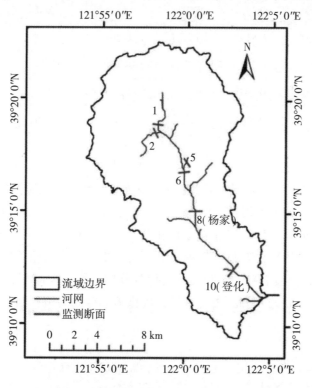

图 2-6　登沙河流域筛选后的监测断面位置图

（五）优化结果检验

在完成监测断面优化筛选之后，为明晰优化后的监测断面对水环境状况的代表性相比于优化前是否发生变化，将优化前与优化后主要污染指标（氨氮、总磷、总氮、DO、COD）的监测数据作为两个样本，采用方差检验和均值检验方法，对两个样本做一致性检验，结果如表2-13所示。由此可知，在监测断面优化前后，5个主要污染指标的样本方差齐，且均值无显著性差异。因此，优化后的监测断面可以很好地代表优化前的监测断面，即经过系统聚类、模糊聚类和物元分析优化得到的监测断面能够较好地捕捉流域水环境质量状况，减少了监测断面数量，节约了监测成本。

表2-13　优化前后检验结果

指　标	方差 F 检验			均值 t 检验		
	F	显著性	结果	t	显著性	结果
氨氮	0.058	0.813	方差齐	-0.175	0.864	无显著性差异
总磷	0.036	0.852	方差齐	-0.269	0.792	无显著性差异
总氮	0.127	0.727	方差齐	-0.160	0.875	无显著性差异
DO	1.124	0.307	方差齐	-0.211	0.836	无显著性差异
COD	0.470	0.504	方差齐	-0.385	0.706	无显著性差异

除了代表性之外，断面重复布设会造成监测效率降低，同时增加监测成本，因此断面重复布设情况是反映监测断面布设合理与否的重要指标之一[1]。对优化前、优化后相邻断面监测数据的相关性进行分析，以此作为反映断面重复布设的一个指标[2]。表2-14给出了优化前、优化后相关和不相关的相邻断面数与相邻断面总数的比值。数据显示，优化后的相邻断面的相关性明显降低，相关断面占比由优化前0.71降低至优化后的0.54，不相关断面占比由优化前的0.29增加至优化后的0.46。由此可见，优化筛选得到的监测断面重复布设的情况明显减少。

① 王辉,刘春跃,荣璐阁,等.辽河干流水环境质量监测网络优化研究[J].环境监测管理与技术,2018,30(3):17-21.

② 肖中新.安徽省辖淮河流域省控地表水环境监测点位优化研究[D].合肥:合肥工业大学,2008.

表 2-14 相邻断面数据相关性

	相关断面占比	不相关断面占比
优化前	0.71	0.29
优化后	0.54	0.46

本节的断面优化方法和思路在其他流域中也有类似的应用，如甘宇等[1] 在物元分析的基础上引入重心距离这一物理量，对辽河干流水质监测断面进行优化，优化后监测效率提高了 25%。姜厚竹[2] 通过采用 k 均值聚类分析和模糊聚类法对松花江流域省界缓冲区水质监测断面进行优化，将 50 个监测断面优化为 32 个，排除主观因素影响，剔除了代表性差、采样困难、重复设置的断面，大大提高了水质监测效率。王静在对湟水水质监测断面进行优化时，采用了模糊聚类法，优化结果使经费节约 40%。由此可见，本节采用系统聚类法、模糊聚类法和物元分析法，结合土地利用类型、污染源分布进行断面优化筛选，研究的整体框架及优化结果具有较好的科学性和可行性。

第二节　水质监测方案的制定

一、地表水监测方案制定

（一）资料收集和实地调查

1. 资料收集

在制定监测方案之前，应全面收集目标监测水体及其所在区域的相关资料，主要有以下几方面内容：

（1）水体的水文、气候、地质和地貌等自然背景资料，如水位、水量、流速及流向的变化，降水量、蒸发量及历史上的水情，河流的宽度、深度、河床结构及地质状况，湖泊沉积物的特性、间温层分布、等深线等。

（2）水体沿岸城市分布、人口分布、工业布局、污染源及其排污情况等。

---

[1] 甘宇，殷实，王辉，等 . 物元分析法的改进及在辽河干流水质监测断面优化中的应用 [J].环境监测管理与技术，2017, 29(3): 8-12.

[2] 姜厚竹 . 松花江流域省界缓冲区水质监测指标与断面优化 [D]. 哈尔滨：东北林业大学，2017.

（3）水体沿岸资源情况和水资源用途、饮用水源分布和重点水源保护区等。

（4）地面径流污水排放、雨污水分流情况以及水体流域土地功能、农田灌溉排水、农药和化肥施用情况等。

（5）历年水质监测资料等。

（6）收集原有的水质分析资料，或在需要设置断面的河段上设若干调查断面并进行采样分析。

2.实地调查

在基础资料收集基础上，要进行目标水体的实地调查，更全面地了解和掌握水体以及周边环境信息的动态及其变化趋势。当目标水体为饮用水源时，应开展一定范围的公众调查，必要时还要进行流行病学调查，并对历史数据和文献资料信息综合分析，为科学制定监测方案提供重要依据。

（二）监测断面的设置

在对调查结果和有关资料进行综合分析的基础上，根据监测目的和监测项目，同时考虑人力、物力等因素，确定监测断面。

1.监测断面的布设原则

监测断面在总体和宏观上须能反映水系或其所在区域的水环境质量状况。各断面的具体位置须能反映所在区域环境的污染特征，尽可能以最少的断面获取足够多的有代表性的环境信息。同时须考虑实际采样的可行性和方便性。

（1）对流域或水系要设立背景断面、控制断面（若干）和入海口断面。在行政区域可设背景断面（对水系源头）或入境断面（对过境河流）或对照断面、控制断面（若干）和入海河口断面或出境断面。在各控制断面下游，如果河段有足够长度（至少10 km），则还应设削减断面。

（2）根据水体功能区设置控制监测断面，同一水体功能区至少要设置一个监测断面。

（3）断面位置应避开死水区、回水区、排污口处，尽量选择顺直河段、河床稳定、水流平稳、水面宽阔、无急流、无浅滩处。

（4）监测断面力求与水文测流断面一致，以便利用其水文参数，实现水质监测与水量监测的结合。

（5）监测断面的布设应考虑社会经济发展、监测工作的实际状况和需要，要具有相对的长远性。

（6）在流域同步监测中，根据流域规划和污染源限期达标目标确定监测断面。

（7）在河道局部整治中，监视整治效果的监测断面由所在地区环境保护行政主管部门确定。

（8）入海河口断面要设置在能反映入海河水水质并临近入海的位置。

2.监测断面的数量

监测断面设置的数量，应根据掌握水环境质量状况的实际需要，考虑对污染物时空分布和变化规律的了解、优化的基础上，以最少的断面、垂线和测点取得代表性最好的监测数据。

3.监测断面的设置

（1）河流监测断面的设置

河流监测断面是指在河流采样时，实施水样采集的整个剖面，分背景断面、对照断面、控制断面和削减断面等。对于江、河、水系或某个河段，一般要求设置三种断面，即对照断面、控制断面和削减断面（图2-7）。

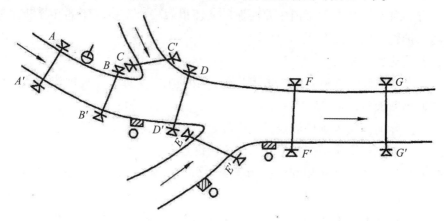

A–A′ 对照断面；*G–G′* 削减断面；*B–B′*、*C–C′*、*D–D′*、*E–E′*、*F–F′* 控制断面。

图 2-7　河流监测断面设置示意图

①背景断面

背景断面设在未受污染的清洁河段上，用于评价整个水系的污染程度。

②对照断面

对照断面是为了了解流入监测河段前的水体水质状况而设置的。对照断面应设在河流进入城市或工业区之前的地方，避开各种废水、污水流入或回流处。一个河段一般只设一个对照断面，有主要支流时可酌情增加。

③控制断面

控制断面是为了评价、监测河段两岸污染源对水体水质的影响而设置的。

控制断面的数目应根据城市的工业布局和排污口分布情况而定。断面的位置与废水排放口的距离应根据主要污染物的迁移、转化规律，河水流量和河道水力学特征确定，一般设在排污口下游 500 ～ 1 000 m 处。因为重金属浓度一般在排污口下游 500 m 横断面上 1/2 宽度处出现高峰值。在有特殊要求的地区，如水产资源区、风景游览区、自然保护区、与水源有关的地方病发病区、严重水土流失区及地球化学异常区等的河段，也应设置控制断面。

④削减断面

削减断面是指河流受纳废水和污水后，经稀释扩散和自净作用，使污染物浓度显著下降，其左、中、右三点浓度差异较小的断面，通常设在城市或工业区最后一个排污口下游 1 500 m 以外的河段上。水量小的小河流应视具体情况而定。

⑤省（自治区、直辖市）交界断面

省、自治区和直辖市内主要河流的干流以及一、二级支流的交界断面都是环境保护管理的重点断面。

⑥其他各类断面

a.水系的较大支流汇入前的河口处以及湖泊、水库、主要河流的出入口应设置监测断面。

b.国际河流出入国境的交界处应设置出境断面和入境断面。

c.国务院环境保护行政主管部门统一设置省、自治区、直辖市交界断面。

d.对流程较长的重要河流，为了解水质、水量变化情况，经适当距离后应设置监测断面。

e.对水网地区流向不定的河流，应根据常年主导流向设置监测断面。

f.对水网地区,应视实际情况设置若干控制断面，其控制的径流量之和不应小于总径流量的 80%。

g.有水工构筑物并受人工控制的河段，视情况分别在闸、坝、堰上下设置断面。如水质无明显差别，可只在闸（坝、堰）上设置监测断面。

h.要使各监测断面能反映一个水系或一个行政区域的水环境质量。

i.对季节性河流和人工控制河流，由于实际情况差异很大，这些河流监测断面的确定、采样的频次与监测项目、监测数据的使用等由各省、自治区、直辖市环境保护行政主管部门自定。

⑦潮汐河流监测断面的布设

a.潮汐河流监测断面的布设原则与其他河流相同，设有防潮桥闸的潮汐河流，根据需要在桥闸的上、下游分别设置断面。

b. 根据潮汐河流的水文特征，潮汐河流的对照断面一般设在潮区界以上。若感潮河段潮区界在该城市管辖的区域之外，则在城市河段的上游设置一个对照断面。

c. 潮汐河流的削减断面一般应设在近入海口处。若入海口处于城市管辖区域外，则设在城市河段的下游。

d. 潮汐河流的断面位置尽可能与水文断面一致或靠近，以便取得有关的水文数据。

（2）湖泊、水库监测垂线的布设

①湖泊、水库通常只设监测垂线，如有特殊情况，可参照河流的有关规定设置监测断面。

②湖（库）区的不同水域，如进水区、出水区、深水区、浅水区、湖心区、岸边区，按水体类别设置监测垂线。

③湖（库）区若无明显功能区别，可用网格法均匀设置监测垂线。

④监测垂线上采样点的布设一般与河流的规定相同，但有可能出现温度分层现象时，应做水温、溶解氧的探索试验后再定。

⑤受污染物影响较大的重要湖泊、水库，应在污染物主要输送路线上设置控制断面。

4. 采样点位的确定

（1）河流采样点的确定

在设置监测断面以后，应根据水面的宽度确定断面上的采样垂线，再根据采样垂线的深度确定采样点的位置和数目。

在一个监测断面上设置的采样垂线数与各垂线上的采样点数应符合表2-15和表2-16中的规定。

表2-15 采样垂线数的设置

水面宽	垂线数	说 明
≤ 50 m	一条（中泓）	垂线布设应避开污染带，要测污染带应另加一条 确能证明该断面水质均匀时，可仅设中泓垂线 凡在该断面要计算污染通量时，必须按本表设置垂线
50 ~ 100 m	两条（近左、右岸有明显水流处，或1/3河宽处）	
> 100 m	三条（左、中、右，在主流线上及距两岸不少于0.5 m，并有明显水流的地方）	

表 2-16　采样垂线上采样点数的设置

水　深	采样点数	说　明
≤ 5 m	上层一点	上层指水面下 0.5 m 处，水深不到 0.5 m 时，在水深 1/2 处
5 ～ 10 m	上、下层两点	下层指河底以上 0.5 m
> 10 m	上、中、下三层三点	中层指 1/2 水深处 封冻时在冰下 0.5 m 处采样，水深不到 0.5 m 时，在水深 1/2 处采样 凡在该断面要计算污染物通量时，必须按本表设置采样点

（2）湖、库采样点的确定

垂线上采样点位置和数目的确定方法与河流相同。如果存在间温层，应先测定不同水深处的水温、溶解氧等参数，确定成层情况后再确定垂线上采样点的位置。

各湖、库监测垂线上的采样点数应符合表 2-17 中的规定。

表 2-17　湖、库监测垂线上采样点数的设置

水　深	分层情况	采样点数	说　明
≤ 5 m		一点（水面下 0.5 m）	分层是指湖水温度分层状况
5 ～ 10 m	不分层	二点（水面下 0.5 m，水底上 0.5 m）	水深不足 1 m 时，在 1/2 水深处设置测点
5 ～ 10 m	分层	三点（水面下 0.5 m，1/2 斜温层，水底上 0.5 m）	有充分数据证实垂线水质均匀时，可酌情减少测点
> 10 m		除水面下 0.5 m、水底上 0.5 m 处外，按每一斜温层分层 1/2 处设置	

选定的监测断面和垂线均应经环境保护行政主管部门审查确认，并在地图上标明准确位置，在岸边设置固定明显的天然标志，如果没有天然标志物，则应设置人工标志物，如竖石柱、打木桩等。同时，用文字说明断面周围环境的详细情况，并配以照片。这些图文资料均存入断面档案。断面一经确认即不准任意变动；确需要变动时，须经环境保护行政主管部门同意，重做优化处理与审查确认。

　　每次采样要严格以标注物为准，使采集的样品取自同一位置上，以保证样品的代表性和可比性。

（三）采样时间与采样频次的确定

　　为使采集的水样具有代表性，能够反映水质在时间和空间上的变化规律，必须确定合理的采样时间和采样频率。依据不同的水体功能、水文要素和污染源、污染物排放等实际情况，力求以最低的采样频次，取得最有时间代表性的样品。所确定的采样时间与采样频次既要满足能反映水质状况的要求，又要切实可行。确定采样时间与采样频次的一般原则如下：

　　（1）对于较大水系的干流和中、小河流，全年采样不少于6次，采样时间为丰水期、枯水期和平水期，每期采样两次。流经城市工业区、污染较重的河流、游览水域、饮用水源地全年采样不少于12次，采样时间为每月1次或视具体情况选定。每年在枯水期对底泥采样1次。

　　（2）对于潮汐河流，全年在丰水期、枯水期、平水期采样，每期采样两天，分别在大潮期和小潮期进行，每次应采集当天涨、退潮水样分别测定。

　　（3）对于排污渠，每年采样不少于3次。

　　（4）对于设有专门监测站的湖泊、水库，每月采样1次，全年不少于12次。对于其他湖泊、水库，全年采样两次，枯水期、丰水期各1次。有废水排入、污染较重的湖泊、水库，应酌情增加采样次数。

　　（5）背景断面，每年采样1次。

　　（6）遇有特殊自然情况，或发生污染事故时，要随时增加采样频次。

　　（7）为配合局部流域的河道整治，及时反映整治的效果，应在一定时期内增加采样频次，具体由整治工程所在地方环境保护行政主管部门确定。

二、水污染源监测方案的制定

　　水污染源包括工业废水源、生活污水源、医院污水源等。工业生产过程中排出的水被称为废水，包括工艺过程用水、机器设备冷却水、烟气洗涤水、漂白水、设备和场地清洗水等。由居民区生活过程中排出物形成的、含公共污物的水被称为污水。污水中主要含有洗涤剂、粪便、细菌、病毒等，进入水体后，可大量消耗水中的溶解氧，使水体缺氧，自净能力降低；其分解产物具有营养价值，易引起水体富营养化；细菌、病毒还可能引发疾病。

　　废水和污水采样是污染源调查与监测的主要工作之一。而污染源调查与监测是监测工作的一个重要方面，是环境管理和治理的基础。

（一）采样前的调查研究

1.调查工业废水

（1）调查工业概况

调查工厂名称、地址、企业性质、生产规模等。

（2）调查工业用水情况

工业用水一般分生产用水和管理用水。生产用水主要包括工艺用水、冷却用水、漂白用水等。管理用水主要包括地面与车间冲洗用水、洗浴用水、生活用水等。需要调查清楚工业用水量、循环用水量、废水排放量、设备蒸发量和渗漏损失量。可用水平衡计算和现场测量法估算各种用水量。

（3）调查工业废水类型

工业废水可分为物理污染废水、化学污染废水、生物及生物化学污染废水三种主要类型以及三种污染类型。通过对工业流程和原理、工艺水平、能源类型、原材料类型和产品产量等的调查，计算出排水量、废水类型及可能的典型污染物，并确定需要监测的项目。

（4）调查工业废水的排污去向

①车间、工厂或地区的排污口数量和位置。

②调查工业废水直接排入还是通过渠道排入江、河、湖、库、海中，以及是否有排放渗坑。

2.调查生活和医院污水

（1）生活污水源

调查城镇人口、居民区位置及用水量。调查城市污水处理厂运行状况、处理量以及城市下水道管网布局。

（2）生活垃圾

调查生活垃圾产生量、位置及处理处置情况。

（3）农业污染源

调查农业用化肥、农药情况。

（4）医院污水源

调查医院分布和医疗用水量、排水量。

（二）采样点的设置

水污染源一般经管道或渠、沟排放，截面面积较小，不需要设置断面，直接确定采样点位即可。

1.工业废水

（1）在车间或车间处理设备的废水排放口设置采样点，测一类污染物（汞、镉、砷、铅、六价铬、有机氯化合物、强致癌物质等）。

（2）在工厂废水总排放口布设采样点，测二类污染物（悬浮物、硫化物、挥发酚、氰化物、有机磷化合物、石油类、铜、锌、氟、硝基苯类、苯胺类等）。

（3）已有废水处理设施的工厂，在处理设施的排放口布设采样点。为了解废水处理效果，可在进出口分别设置采样点。

（4）在排污渠道上，采样点应设在渠道较直、水量稳定、上游无污水汇入的地方。可在水面下 1/4 ～ 1/2 处采样，作为代表平均浓度水样采集。

（5）某些二类污染物的监测方法尚不成熟，在总排污口处布点采样，由于监测因子干扰物质多，所以监测的结果会受到影响。这时，应将采样点移至车间排污口，按废水排放量的比例折算成总排污口废水中的浓度。

2.生活污水和医院污水

采样点设在污水总排放口。对于污水处理厂，应在进、出口分别设置采样点采样监测。

3.综合排污口和排污渠道采样点的确定

（1）在一个城市的主要排污口或总排污口设点采样。

（2）在污水处理厂的污水进出口处设点采样。

（3）在污水泵站的进水和安全溢流口处设点采样。

（4）在市政排污管线的入水口处布点采样。

（三）采样时间和采样频次的确定

1.监督性监测

地方环境监测站对污染源的监督性监测每年不少于 1 次，如被国家或地方环境保护行政主管部门列为年度监测的重点排污单位，则应增加到每年 2 ～ 4 次。因管理或执法的需要进行的抽查性监测或对企业的加密监测由各级环境保护行政主管部门确定。

我国《环境监测技术规范》对向国家直接报送数据的废水排放源的采样时间和采样频次做了如下规定：工业废水每年采样监测 2 ～ 4 次；生活污水每年采样监测 2 次，春、夏季各 1 次；医院污水每年采样监测 4 次，每季度 1 次。

2.企业自我监测

企业按生产周期和生产特点确定工业废水的监测频率。一般每个生产日至少 3 次。

为了确认自行监测的采样频次，排污单位应在正常生产条件下的一个生产周期内进行加密监测。周期在 8 h 以内的，每小时采 1 次样，周期大于 8 h 的，每 2 h 采 1 次样，但每个生产周期采样次数不少于 3 次。采样的同时测定流量。根据加密监测结果，绘制污水污染物排放曲线（浓度—时间曲线、流量—时间曲线、总量—时间曲线），并与所掌握资料对照，如基本一致，即可据此确定企业自行监测的采样频次。根据管理需要进行污染源调查性监测时，也按此频次采样。

排污单位如有污水处理设施并能正常运转，使污水能稳定排放，则污染物排放曲线比较平稳，监督监测可以采瞬时样；对于排放曲线有明显变化的不稳定排放污水，要根据曲线情况分时间单元采样，再组成混合样品。正常情况下，混合样品的单元采样不得少于 2 次。若排放污水的流量、浓度甚至组分都有明显变化，则在各单元采样时的采样量应与当时的污水流量成比例，以使混合样品更有代表性。

另外，对于污染治理、环境科研、污染源调查和评价等工作中的污水监测，其采样频次可以根据工作方案的要求另行确定。

三、地下水监测方案制定

储存在土壤和岩石空隙（孔隙、裂隙、溶隙）中的水被统称为地下水。地下水具有流动缓慢、水质参数相对稳定的基本特征。《地下水环境监测技术规范》（HJ 164–2020）对地下水监测网点布设、采样、样品管理、监测项目和检测方法、实验室分析以及监测数据的处理和质量保证等都做了明确规定。

（一）资料收集和实地调查

（1）收集、汇总监测区域的水文、地质、气象等方面的有关资料和以往的监测资料。例如，地质图、剖面图、测绘图、水井的成套参数、含水层、地下水补给、径流和流向以及温度、湿度、降水量等。

（2）调查监测区域内城市发展、工业分布、资源开发和土地利用情况，尤其是地下工程规模、应用等；了解化肥和农药的施用面积与施用量；查清污水灌溉、排污和纳污情况以及地表水污染现状。

（3）测量或查知水位、水深，以确定采水器和泵的类型以及所需费用和采样程序。

（4）在完成以上调查的基础上，确定主要污染源和污染物，并根据地区特点和地下水的主要类型把地下水分成若干水文地质单元。

（二）采样点的设置

在对基础资料、实地测量结果进行综合分析的基础上，综合考虑饮用水地下水源监测要求和监测项目、水质的均一性、水质分析方法、环境标准法规以及人力和物力等因素，布设采样井并确定采样深度。一般布设两类采样井，用于背景值监测和污染监测，必要时可构建合理的采样井监测网络。

1. 背景值监测点的设置

背景值监测点应设在污染区的外围不受或少受污染的地方。新开发区应在引入污染源之前设置背景值监测点。

2. 监测点布设原则

（1）监测点总体上能反映监测区域内的地下水环境质量状况。

（2）监测点不宜变动，尽可能保持地下水监测数据的连续性。

（3）综合考虑监测井成井方法、当前科技发展和监测技术水平等因素，考虑实际采样的可行性，使地下水监测点布设切实可行。

（4）定期（如每 5 年）对地下水质监测网的运行状况进行一次调查评价，根据最新情况对地下水质监测网进行优化调整。

3. 监测点布设要求

（1）对于面积较大的监测区域，应以地下水流向为主，垂直地下水流向为辅布设监测点；对于同一个水文地质单元，可根据地下水的补给、径流、排泄条件布设控制性监测点。地下水存在多个含水层时，监测井应为层位明确的分层监测井。

（2）地下水饮用水源地的监测点布设以开采层为监测重点；存在多个含水层时，应在与目标含水层存在水力联系的含水层中布设监测点，并将与地下水存在水力联系的地表水纳入监测。

（3）对地下水构成影响较大的区域，如化学品生产企业以及工业集聚区，在地下水污染源的上游、中心、两侧及下游区分别布设监测点；尾矿库、危险废物处置场和垃圾填埋场等区域在地下水污染源的上游、两侧及下游分别布设监测点，以评估地下水的污染状况。污染源位于地下水水源补给区时，可根据实际情况加密地下水监测点。

（4）污染源周边地下水监测以浅层地下水为主，如浅层地下水已被污染且下游存在地下水饮用水源地，需增加主开采层地下水的监测点。

（5）岩溶区监测点的布设重点在于追踪地下暗河出入口和主要含水层，按地下河系统径流网形状和规模布设监测点，在主管道与支管道间的补给、径流区适当布设监测点，在重大或潜在的污染源分布区适当加密地下水监测点。

（6）裂隙发育区的监测点尽量布设在相互连通的裂隙网络上。

（7）可以选用已有的民井和生产井或泉点作为地下水监测点，但须满足地下水监测设计的要求。

4.监测点布设方法

（1）区域监测点布设方法

区域地下水监测点布设参照《区域地下水质监测网设计规范》（DZ/T 0308-2017）相关要求执行。

（2）地下水饮用水源保护区和补给区监测点布设方法

①孔隙水和风化裂隙水

地下水饮用水源保护区和补给区面积小于 50 km² 时，水质监测点不少于 7 个；面积为 50 ~ 100 km² 时，监测点不得少于 10 个；面积大于 100 km² 时，每增加 25 km²，监测点至少增加 1 个；监测点按网格法布设在饮用水源保护区和补给区内。

②岩溶水

地下水饮用水源保护区和补给区岩溶主管道上水质监测点不少于 3 个，一级支流管道长度大于 2 km，布设 2 个监测点，一级支流管道长度小于 2 km，布设 1 个监测点。

③构造裂隙水

构造裂隙水参见岩溶水的布点方法。

（3）污染源地下水监测点布设方法

①孔隙水和风化裂隙水

a.工业污染源

（a）工业集聚区

对照监测点布设 1 个，设置在工业集聚区地下水流向上游边界处。

污染扩散监测点至少布设 5 个，垂直于地下水流向呈扇形布设不少于 3 个，在集聚区两侧沿地下水流方向各布设 1 个监测点。

工业集聚区内部监测点要求 3 ~ 5 个 /10 km²，若面积大于 100 km² 时，每增加 15 km²，监测点至少增加 1 个；监测点布设在主要污染源附近的地下水下游，同类型污染源布设 1 个监测点，工业集聚区内监测点布设总数不少于 3 个。

（b）工业集聚区外工业企业

对照监测点布设 1 个，设置在工业企业地下水流向上游边界处。

污染扩散监测点布设不少于 3 个，地下水下游及两侧的监测点均不得少于 1 个。

工业企业内部监测点要求 $1 \sim 2$ 个 $/10 \text{ km}^2$，若面积大于 100 km^2 时，每增加 15 km^2，监测点至少增加 1 个；监测点布设在存在地下水污染隐患区域。

b. 矿山开采区

（a）采矿区、分选区、冶炼区和尾矿库位于同一个水文地质单元

对照监测点布设 1 个，设置在矿山影响区上游边界。

污染扩散监测点不少于 3 个，地下水下游及两侧的地下水监测点均不得少于 1 个。

尾矿库下游 $30 \sim 50 \text{ m}$ 处布设 1 个监测点，以评价尾矿库对地下水的影响。

（b）采矿区、分选区、冶炼区和尾矿库位于不同水文地质单元

对照监测点布设 2 个，设置在矿山影响区和尾矿库影响区上游边界 $30 \sim 50 \text{ m}$ 处。

污染扩散监测点不少于 3 个，地下水下游及两侧的地下水监测点均不得少于 1 个。

尾矿库下游 $30 \sim 50 \text{ m}$ 处设置 1 个监测点，以评价尾矿库对地下水的影响。

采矿区与分选区分别设置 1 个监测点，以确定其是否对地下水产生影响，如果地下水已污染，应加密布设监测点，以确定地下水的污染范围。

c. 加油站

（a）地下水流向清楚时，污染扩散监测点至少 1 个，设置在地下水下游距离埋地油罐 $5 \sim 30 \text{ m}$ 处。

（b）地下水流向不清楚时，布设 3 个监测点，呈三角形分布，设置在距离埋地油罐 $5 \sim 30 \text{ m}$ 处。

d. 农业污染源

（a）再生水农用区

对照监测点布设 1 个，设置在再生水农用区地下水流向上游边界。

污染扩散监测点布设不少于 6 个，再生水农用区两侧各 1 个，再生水农用区及其下游不少于 4 个。

面积大于 100 km^2 时，监测点不少于 20 个，且面积以 100 km^2 为起点每增加 15 km^2，监测点数量增加 1 个。

（b）畜禽养殖场和养殖小区

对照监测点布设 1 个，设置在养殖场和养殖小区地下水流向上游边界。

污染扩散监测点不少于 3 个，地下水下游及两侧的地下水监测点均不得少于 1 个。

若养殖场和养殖小区面积大于 1 km^2，在场区内监测点数量增加 2 个。

e.高尔夫球场

（a）对照监测点布设1个，设置在高尔夫球场地下水流向上游边界处。

（b）污染扩散监测点不少于3个，地下水下游及两侧的地下水监测点均不得少于1个。

（c）高尔夫球场内部监测点不少于1个。

②岩溶水

a.原则上主管道上不得少于3个监测点，根据地下河的分布及流向，在地下河的上、中、下游布设3个监测点，分别作为对照监测点、污染监测点及污染扩散监测点。

b.岩溶发育完善，地下河分布复杂的，根据现场情况增加2～4个监测点，一级支流管道长度大于2km，布设2个点，一级支流管道长度小于2km，布设1个点。

5.环境监测井建设与管理

（1）环境监测井建设

①环境监测井建设要求

a.环境监测井建设应遵循一井一设计、一井一编码、所有监测井统一编码的原则。在充分搜集掌握拟建监测井地区有关资料和现场踏勘的基础上因地制宜、科学设计。

b.监测井建设深度应满足监测目标要求。监测目标层与其他含水层之间须做好止水，监测井滤水管不得越层，监测井不得穿透目标含水层下的隔水层的底板。

c.监测井的结构类型包括单管单层监测井、单管多层监测井、巢式监测井、丛式监测井、连续多通道监测井。

d.监测井建设包括监测井设计、施工、成井、抽水试验等内容，参照《地下水监测　建设规范》（DZ/T 0270—2014）相关要求执行。

（a）监测井所采用的构筑材料不应改变地下水的化学成分，即不能干扰监测过程中对地下水中化合物的分析。

（b）施工中应采取安全保障措施，做到清洁生产，文明施工。避免钻井过程污染地下水。

（c）监测井取水位置一般在目标含水层的中部，但当水中含有重质非水相液体时，取水位置应在含水层底部和不透水层的顶部，水中含有轻质非水相液体时，取水位置应在含水层的顶部。

（d）监测井滤水管要求：丰水期需要有 1 m 的滤水管位于水面以上，枯水期需有 1 m 的滤水管位于地下水面以下。

（e）井管的内径要求不小于 50 mm，以能够满足洗井和取水要求的口径为准。

（f）井管各接头连接时不能用任何黏合剂或涂料，推荐采用螺纹式连接井管。

（g）监测井建设完成后必须进行洗井，保证监测井出水水清沙净。常见的方法包括超量抽水、反冲、汲取及气洗等。

（h）洗井后需进行至少 1 个落程的定流量抽水试验，抽水稳定时间达到 24 h 以上，待水位恢复后才能采集水样。

②环境监测井井口保护装置要求

a.为保护监测井，应建设监测井井口保护装置，包括井口保护筒、井台或井盖等。监测井保护装置应坚固耐用，不易被破坏。

b.井口保护筒宜使用不锈钢材质，井盖中心部分应采用高密度树脂材料，避免数据无线传输信号被屏蔽；井盖需加异型安全锁；依据井管直径，可采用内径为 24 ~ 30 cm、高为 50 cm 的保护筒，保护筒下部应埋入水泥平台中 10 cm 固定；水泥平台为厚 15 cm、边长 50 ~ 100 cm 的正方形平台，水泥平台四角须磨圆。

c.无条件设置水泥平台的监测井可考虑使用与地面水平的井盖式保护装置。

（2）现有地下水井的筛选

①现有地下水井的筛选要求

地下水监测井的筛选应符合以下要求：

a.选择的监测井井位应在调查监测的区域内，井深特别是井的采水层位应满足监测设计要求。

b.选择井管材料为钢管、不锈钢管、PVC 材质的井为宜，监测井的井壁管、滤水管和沉淀管应完好，不得有断裂、错位、蚀洞等现象。选用经常使用的民井和生产井。

c.井的滤水管顶部位置位于多年平均最低水位面以下 1 m。井内淤积不得超过设计监测层位的滤水管 30% 以上，或通过洗井清淤后达到以上要求。

d.井的出水量宜大于 0.3 L/s。

e.对装有水泵的井，不能选用以油为泵润滑剂的水井。

f.应详细掌握井的结构和抽水设备情况，分析井的结构和抽水设备是否影响所关注的地下水成分。

②现有地下水井的筛选方法

以调查、走访的方式，充分调研、收集监测区域的地质、水文地质资料，收集区域内监测井数量及类型、钻探、成井等资料，初步确定待筛选的监测井。

对初步确定的待筛选监测井进行现场踏勘，获取备选监测井的水位、井深、出水量以及现场的其他有关信息。

（3）环境监测井管理

①环境监测井维护和管理要求

a.对每个监测井建立环境监测井基本情况表，监测井的撤销、变更情况应记入原监测井的基本情况表内，新换监测井应重新建立环境监测井基本情况表。

b.每年应指派专人对监测井的设施进行维护，设施一经损坏，必须及时修复。

c.每年测量监测井井深一次，当监测井内淤积物淤没滤水管，应及时清淤。

d.每2年对监测井进行一次透水灵敏度试验。当向井内注入灌水段1 m井管容积的水量，水位复原时间超过15 min时，应进行洗井。

e.井口固定点标志和孔口保护帽等发生移位或损坏时，必须及时修复。

②环境监测井报废要求

a.环境监测井报废条件

（a）第一种情况：由于井的结构性变化，造成监测功能丧失的监测井。包括井结构遭到自然（如洪水、地震等）或人为外力（如工程推倒、掩埋等）因素严重破坏，不可修复；井壁管/滤水管有严重歪斜、断裂、穿孔；井壁管/滤水管被异物堵塞，无法清除，并影响到采样器具采样；井壁管/滤水管中的污垢、泥沙淤积，导致井内外水力连通中断，井管内水体无法更新置换；其他无法恢复或修复的井结构性变化。

（b）第二种情况：由于设置不当，造成地下水交叉污染的监测井（如污染源贯穿隔水层造成含水层混合污染的监测井）。

（c）第三种情况：经认定监测功能丧失的监测井（如监测对象不存在、监测任务取消等情况）。

（d）对于第一、第二种情况的监测井，可直接认定需要进行报废；对于第三种情况的监测井，需要经过生态环境主管部门进行井功能评估不可继续使用后，方可报废。

b. 环境监测井报废程序

（a）基本资料收集

开始监测井报废操作前应收集一些基本资料，包括监测井地址、管理单位和联系方式，监测井型式及材质，井径及孔径，井深及地下水水位，滤水管长度及开孔区间，监测井结构图，地层剖面图等。

（b）现场踏勘

执行报废操作前应进行现场踏勘，填写环境监测井报废现场踏勘表（参见HJ 164-2020 附录 B 表 B.5）并存档。

（c）井口保护装置移除

水泥平台式监测井：移除警示柱、水泥平台、井口保护筒及地面上的井管等相关井体外部的保护装置。

井盖式监测井：移除井顶盖及相关井体外部的保护装置。

（d）报废灌浆回填

报废过程中应填写环境监测井报废监理记录表（参见 HJ 164-2020 附录 B 表 B.6）。

对于第一种情况的报废井，可以采用直接灌浆法进行报废。

对于第二、三种情况的报废井，必须先将井管及周围环状滤料封层完全去除，再以灌浆封填方式报废。

封填前应先计算井孔（含扩孔）体积，以估算相关水泥膨润土浆及混凝土砂浆等封填材料的用量。

灌浆期间应避免阻塞或架桥现象出现。

完成灌浆后，应于 1 周内再次检查封填情况，如发现塌陷，应立即补填，直到符合要求为止。

（e）报废完工

报废完成后应将现场复原，相关污水应妥善收集处理，并填写环境监测井报废完工表（参见 HJ 164-2020 附录 B 表 B.7）。

（f）报废验收

报废完成后向生态环境主管部门提交报废相关材料，申请报废验收。

（三）采样时间和采样频率的确定

1. 确定原则

依据具体水文地质条件和地下水监测井使用功能，结合当地污染源、污染物排放实际情况，争取用最低的采样频次，取得最有时间代表性的样品，达到全面反映调查对象的地下水水质状况、污染原因和迁移规律的目的。

2.采样频次和采样时间的确定

不同监测对象的地下水采样频次如表 2-18 所示，有条件的地方可按当地地下水水质变化情况适当增加采样频次。

表 2-18　不同监测对象的地下水采样频次

监测对象	采样频次
地下水饮用水源取水井	常规指标采样宜不少于每月 1 次，非常规指标采样宜不少于每年 1 次
地下水饮用水源保护区和补给区	采样宜不少于每年 2 次（枯、丰水期各 1 次）
区域	区域采样频次参照《区域地下水质监测网设计规范》（DZ/T 0308-2017）的相关要求执行
污染源	危险废物处置场采样频次参照《危险废物填埋污染控制标准》（GB 18598—2019）的相关要求执行
	生活垃圾填埋场采样频次参照《生活垃圾填埋场污染控制标准》（GB 16889—2008）的相关要求执行
	一般工业固体废物贮存、处置场地下水采样频次参照《一般工业固体废物贮存、处置场污染控制标准》（GB 18599—2001）的相关要求执行
	其他污染源，对照监测点采样频次宜不少于每年 1 次，其他监测点采样频次宜不少于每年 2 次，发现有地下水污染现象时需增加采样频次

四、沉积物监测方案的制定

沉积物是沉积在水体底部的堆积物质的统称，又被称为底质，是矿物、岩石、土壤的自然侵蚀产物，是生物活动及降解有机质等过程的产物。

由于我国部分流域水土流失较为严重，水中的悬浮物和胶态物质往往吸附或包藏一些污染物质，如辽河中游悬浮物中吸附的 COD 值达水样的 70% 以上，此外还有许多重金属类污染物。由于沉积物中所含的腐殖质、微生物、泥沙及土壤微孔表面的作用，在底质表面发生一系列的沉淀吸附、释放、化合、分解、配位等物理化学和生物转化作用，对水中污染物的自净、降解、迁移、转化等过程起着重要作用。因此，水体底部沉积物是水环境中的重要组成部分。

（一）采样点位的确定

底质监测断面的设置原则与水质监测断面相同，其位置尽可能和水质监测断面重合，以便于将沉积物的组成及物理化学性质与水质监测情况进行比较。

（1）底质采样点应尽量与水质采样点一致。底质采样点位通常在水质采样点位垂线的正下方。当正下方无法采样时，如水浅时，因船体或采泥器冲击搅动底质，或河床为砂卵石时，应另选采样点重采。采样点不能偏移原设置的断面（点）太远。采样后应对偏移位置做好记录。

（2）底质采样点应避开河床冲刷、底质沉积不稳定、水草茂盛表层及底质易受搅动之处。

（3）湖（水库）底质采样点一般应设在主要河流及污染源排放口与湖（水库）水混合均匀处。

（二）采样时间与采样频率的确定

由于底质比较稳定，受水文、气象条件影响较小，故采样频率远较水样低，一般每年枯水期采样 1 次，必要时，可在丰水期加采 1 次。

第三节　水样的采集、保存与预处理

一、水样的采集

保证样品具有代表性，是水质监测数据具有准确性、精密性和可比性的前提。为了得到有代表性的水样，就必须选择合理的采样位置、采样时间和科学的采样技术。对于天然水体，为了采集有代表性的水样，应根据监测目的和现场实际情况选定采集样品的类型和采样方法；对工业废水和生活污水，应根据监测目的、生产工艺、排污规律、污染物的组成和废水流量等因素选定采集样品的类型和采样方法。

（一）地表水样的采集

1. 采样前的准备

（1）确定采样负责人

采样负责人主要负责制定监测方案并组织实施。

（2）制定监测方案

采样负责人在制订计划前要充分了解该项监测任务的目的和要求，应了解清楚要采样的监测断面周围情况，并熟悉采样方法、水样容器的洗涤、样品的保存技术。当需要进行现场测定项目和任务时，还应了解有关的现场测定技术。

监测方案应包括确定的采样垂线和采样点位、测定项目和数量、采样质量保证措施、采样时间和路线、采样人员和分工、采样器材和交通工具以及需要进行的现场测定项目和安全保证等。

（3）采样器材与现场测定仪器的准备

采样器材主要是采样器和水样容器。

对已用容器进行洗涤。如新启用容器，则应事先做更充分的清洗。容器应定点、定项。

2.采样方法

（1）采集地表水样

常借助船只、桥梁、索道或涉水等方式，选择合适的采样器采集水样。表层水样可用桶、瓶等盛水容器直接采集。一般将其沉至水面下 0.3 ～ 0.5 m 处采集。

（2）采集深层水样

必须借助采样器，可用简易采样器、急流采样器、溶解气体采样器等。

①简易采样器

采集深层水时，可使用带重锤的简易采样器沉入水中采集（图 2-8）。将采样容器沉降至所需深度（可从绳上的标度看出），上提细绳打开瓶塞，待水样充满容器后提出。

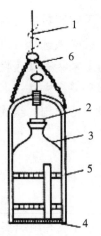

1—绳子；2—带有软绳的橡胶管；3—采样瓶；4—铅锤；5—铁框；6—挂钩。

图 2-8　简易采样器

②急流采样器

对于水流急的河段，宜采用急流采样器（图 2-9）。急流采样器是将一根长钢管固定在铁框上，钢管内装一根橡胶管，上部用夹子夹紧，下部与瓶塞上的短玻璃管相连，瓶塞上另有一长玻璃管通至采样瓶底部。采样前塞紧橡胶塞，然后沿船身垂直伸入要求水深处，打开上部橡胶管夹，水样即沿长玻璃管流入样品瓶中，瓶内空气由短玻璃管沿橡胶管排出。由于采集的水样与空气隔绝，这样采集的水样也可用于测定水中溶解性气体。

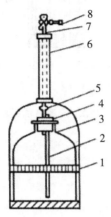

1—铁框；2—长玻璃管；3—采样瓶；4—橡胶塞；
5—短玻璃管；6—钢管；7—橡胶管；8—夹子。

图 2-9　急流采样器

③溶解气体采样器

溶解气体采样器又被称为双瓶采样器，可采集、测定溶解气体（如溶解氧）的水样（图 2-10）。将采样器沉入要求的水深处后，打开上部的橡胶管夹，水样进入小瓶（采样瓶）并将空气驱入大瓶，从连接大瓶短玻璃管的橡胶管处排出，直到大瓶中充满水样，提出水面后迅速密封。

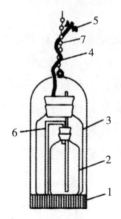

1—带重锤的铁框；2—小瓶；3—大瓶；4—橡胶管；

5—夹子；6—塑料管；7—绳子。

图 2-10　溶解气体采样器

3.常用的采样容器

（1）无色具塞硬质玻璃瓶

玻璃瓶由硼硅酸玻璃制成，其主要成分有二氧化硅（70% ～ 80%)、硼（11% ～ 15%)、铝（2% ～ 4%)。因产品种类不同，有的有微量的砷、锌溶出。玻璃瓶无色透明，便于观察试样及其变化，还可以加热灭菌，但容易破裂，不适合运输。

（2）聚乙烯瓶（或塑料桶）

塑料瓶耐冲击、轻便，但不如玻璃瓶易清洗、检查和校检体积，有吸附磷酸根离子及有机物的倾向，易受有机溶剂的侵蚀，有时会引起藻类繁殖。

（3）特殊成分的试样容器

溶解氧测定需要杜绝气泡，使用能添加封口的溶解氧瓶；油类的测定需要定容采样的广口玻璃瓶；生物及细菌试验需要不透明的非活性玻璃容器。

4.水样的类型

（1）瞬时水样

在某一时间和地点从水体中随机采集的分散水样，适用于水质稳定、组分在相当长的时间或相当大的空间范围内变化不大的水体。当水体组分及含量随时间和空间变化时，应按照一定时间间隔进行多点瞬时采样，并分别进行分析，绘制出浓度—时间关系曲线，计算平均浓度和峰值浓度，掌握水质的变化规律。

（2）混合水样

混合几个单独样品，可减少分析样品，节约时间，降低消耗。

混合水样分为等比例混合水样和等时混合水样。等比例混合水样指在某一时段内，在同一采样点位所采水样量随时间或流量成比例的混合水样；等时混合水样指在某一时段内，在同一采样点位（断面）按等时间间隔所采等体积水样的混合水样。

混合样品提供组分的平均值，因此在样品混合之前，应验证此样品参数的数据，以确保混合后样品数据的准确性。在样品混合时，若其中待测成分或性质发生明显变化，则不能采用混合水样，要采用单样储存方式。

（3）周期水样

在固定时间间隔或在固定排放量间隔下不连续采集的样品称为周期样品。在固定时间间隔下采集周期样品时，时间间隔的大小取决于待测参数。在固定排放量间隔下采集周期样品时，所采集的体积取决于流量。

（4）连续水样

在固定流速或可变流速下采集的连续样品称为连续水样。利用在固定流速下采集的连续样品可测得采样期间存在的全部组分，但不能提供采样期间各参数浓度的变化。在可变流速下采集的流量比例样品代表水的整体质量，即使流量和组分都在变化，流量比例样品也可以揭示利用瞬时样品观察不到的变化。因此，对于流速和待测污染物浓度都有明显变化的流动水，采集流量比例样品是一种较为精确的方法。

（5）综合水样

综合水样指在不同采样点同时采集的各个瞬时水样混合后所得到的水样，也可为特定采样点分别采集的不同深度水样经混合后得到的水样。常需要把代表断面上各采样点或几个废（污）水排放口采集的水样按流量比例混合，获得反映流量比例的综合水样的平均结果。综合水样是获得监测项目平均浓度的重要方式。

5.采样数量

在地表水质监测中通常采集瞬时水样。所需水样量见《水质采样　样品的保存和管理技术规定》（HJ 493—2009）。此采样量已考虑重复分析和质量控制的需要，并留有余地。

在水样采入或装入容器中后，应立即按《水质采样　样品的保存和管理技术规定》（HJ 493—2009）的要求加入保存剂。

6.采样注意事项

（1）采样时不可搅动水底的沉积物。

（2）采样时应保证采样点的位置准确。必要时使用定位仪（GPS）定位。

（3）认真填写"水质采样记录表"，用签字笔或硬质铅笔在现场记录，字迹应端正、清晰，保证项目完整。

（4）保证采样按时、准确、安全。

（5）采样结束前，应核对采样计划、记录与水样，如有错误或遗漏，应立即补采或重采。

（6）如采样现场水体很不均匀，无法采到有代表性的样品，则应详细记录不均匀的情况和实际采样情况，供使用该数据者参考，并将此现场情况向环境保护行政主管部门反映。

（7）测定油类的水样，应在水面至水面下 300 mm 处采集柱状水样，并单独采样，全部用于测定，并且采样瓶（容器）不能用采集的水样冲洗。

（8）测溶解氧、生化需氧量和有机污染物等项目时，水样必须注满容器，上部不留空间，并有水封口。

（9）如果水样中含沉降性固体（如泥沙等），则应分离除去。分离方法如下：将所采水样摇匀后倒入筒形玻璃容器（如 1~2 L 量筒），静置 30 min，将不含沉降性固体但含有悬浮性固体的水样移入盛样容器并加入保存剂。测定水温、pH、DO、电导率、总悬浮物和油类的水样除外。

（10）测定湖库水的 COD、高锰酸盐指数、叶绿素 a、总氮、总磷时，水样静置 30 min 后，用吸管一次或几次移取水样，吸管进水尖嘴应插至水样表层 50 mm 以下位置，再加保存剂保存。

（11）测定油类、BOD、DO、硫化物、余氯、粪大肠菌群、悬浮物、放射性等项目要单独采样。

7.采样记录

采样后要立即填写标签和采样记录表。

（二）废（污）水样品的采集

废（污）水一般流量较小，都有固定的排污口，所处位置也不复杂，因此所用采样方法和采样器也比较简单。

1.废（污）水样品的类型

（1）瞬时废（污）水样

对于生产工艺连续、稳定的工厂，所排放的废（污）水中污染组分及浓度变化不大时，瞬时废（污）水样具有较好的代表性。对于某些特殊情况，如废

（污）水中污染物质的平均浓度合格，而高峰排放浓度超标时，也可以间隔适当时间采集瞬时水样，并分别测定，将结果绘制成浓度—时间关系曲线，以得知高峰排放时污染物质的浓度，同时计算出平均浓度。

（2）平均废（污）水样

平均废（污）水样指平均混合水样或平均比例混合水样。前者指每隔相同时间采集等量废（污）水样混合而成的水样，适于废（污）水流量比较稳定的情况；后者指在废（污）水流量不稳定的情况下，在不同时间依照流量大小按比例采集的混合水样。

（3）单独废（污）水样

单独废（污）水样需要尽快测定，废（污）水的 pH、溶解氧、硫化物、细菌学指标、余氯、化学需氧量、油脂类和其他可溶性气体等项目的废（污）水样不宜混合。

2. 采样方法

（1）不同行业对污水的监测项目有不同要求，在分时间单元采集样品时，测定 pH、COD、BOD、DO、硫化物、油类、有机物、余氯、粪大肠菌群、悬浮物、放射性等项目的样品不能混合，只能单独采样。

（2）自动采样采用自动采样器或连续自动定时，采样器采集，分为时间比例采样和流量比例采样。当污水排放量较稳定时可采用时间比例采样，否则必须采用流量比例采样。所用的自动采样器必须符合《水质自动采样器技术要求及检测方法》的要求。

（3）实际的采样位置应在采样断面的中心。当水深大于 1 m 时，应在表层下 1/4 深度处采样；水深小于或等于 1 m 时，在水深的 1/2 处采样。

3. 注意事项

（1）用样品容器直接采样时，必须用水样冲洗 3 次后再采样；但当水面有浮油时，采油的容器不能冲洗。

（2）采样时应注意除去水面的杂物、垃圾等漂浮物。

（3）用于测定悬浮物、BOD、硫化物、油类、余氯的水样必须单独定容采样，全部用于测定。

（4）使用特殊的专用采样器（如油类采样器）时，应遵循该采样器的使用方法。

4. 采样记录

采样时应认真填写"污水采样记录表"，表中应有以下内容：污染源名称、监测目的、监测项目、采样点位、采样时间、样品编号、污水性质、污水流量、采样人姓名及其他有关事项等。具体格式可由各省视情况制定。

5.流量的测量

计算水体污染负荷、判断水体污染是否超过环境容量、评价污染控制效果、掌握污染源排放污染物总量和排水量等，都必须明确相应水体的流量。

（1）地表水流量测量

对于较大的河流，应尽量利用水文监测断面。若监测河段无水文监测断面，应选择一个水文参数比较稳定、流量有代表性的断面作为测量断面。水文测量应按《河流流量测验规范》（GB 50179—2015）进行。河流、明渠流量的测定方法有以下两种。

①流速—面积法

首先将测量断面划分为若干小块，然后测量每一小块的面积和流速并计算出相应的流量，再将各小断面的流量累加，即测量出断面上的水流量，计算公式为

$$Q = S_1 \overline{v_1} + S_2 \overline{v_2} + \cdots + S_n \overline{v_n} \qquad （2-11）$$

式中：Q 为水流量，单位为 m^3/s；$\overline{v_n}$ 为各小断面上水平均流速，单位为 m/s；S_n 为各小断面面积，单位为 m^2。

②浮标法

浮标法是一种粗略测量小型河流、沟渠中流速的简易方法。测量时，选择一平直河段，测量该河段 2 m 间距内起点、中点和终点三个水流横断面的面积并求出平均横断面面积。在上游投入浮标，测量浮标流经确定河段（L）所需时间，重复测量几次，求出所需时间的平均值 t，即可计算出流速（L/t），再按式（2-12）计算流量：

$$Q = K \cdot \overline{v} \cdot S \qquad （2-12）$$

式中：$\overline{v}$ 为浮标平均流速，单位为 m/s；S 为水流横断面面积，单位为 m^2；K 为浮标系数，K 与空气阻力、断面上水流分布的均匀性有关，一般需要用流速仪对照标定，其范围为 $0.84 \sim 0.90$。

（2）废水、污水流量测量

①流量计法

流量计法即用流量计直接测定。有多种商品流量计可供选择。流量计法测定流量简便、准确。

②容积法

容积法指将污水导入已知容积的容器或污水池、污水箱中，测量流满容器或池、箱的时间，然后用受纳容器的体积除以时间获得流量。容积法简单易行，测量精度较高，适用于测量污水流量较小的连续或间歇排放的污水。

③溢流堰法

溢流堰法指在固定形状的渠道上，根据污水量大小可选择安装三角堰、矩形堰、梯形堰等特定形状的开口堰板，根据过堰水头与流量的固定关系，测量污水流量。溢流堰法精度较高，在安装液位计后可实行连续自动测量。该方法适用于不规则的污水沟、污水渠中水流量的测量。对任意角 θ 的三角堰装置，流量 Q 计算公式为

$$Q = 0.53K(2g)^{0.5}\left(\tan\frac{\theta}{2}\right)H^{2.5} \qquad (2\text{-}13)$$

式中，Q 为水流量；K 为流量系数，约为 0.6；θ 为堰口夹角；g 为重力加速度，取值为 9.80 m/s^2；H 为过堰水头高度，单位为 m。当 θ =90° 时，堰口为直角三角堰，在实际测量中较常应用。

当 H =0.002 ～ 0.2 m 时，流量计算公式可以简化为

$$Q(\text{m}^3/\text{s}) = 1.41H^{2.5} \qquad (2\text{-}14)$$

此式被称为汤姆逊（Tomson）公式。

利用该法测定流量时，堰板的安装可能会造成一定的水头损失，且固体沉积物在堰前堆积或藻类等物质在堰板上黏附均会影响测量精度。

④量水槽法

在明渠或涵管内安装量水槽，测量其上游水位可以计量污水量，常用的有巴氏槽。与溢流堰法相比，用量水槽法测量流量同样可以获得较高的精度（±2% ～ ±5%），并且可进行连续自动测量。该方法有水头损失小、壅水高度小、底部冲刷力大、不易沉积杂物的优点，但其造价较高，施工要求也较高。

（三）地下水样的采集

1.采样前的准备

（1）确定采样负责人

采样负责人负责制定监测方案并组织实施。采样负责人应了解监测任务的目的和要求，并了解采样监测井周围的情况，熟悉地下水采样方法、采样容器

的洗涤和样品保存技术。当有现场监测项目和任务时，还应了解相关的现场监测技术。

（2）制定监测方案

监测方案应包括采样目的、监测井位、监测项目、采样数量、采样时间和路线、采样人员及分工、采样质量保证措施、采样器材和交通工具、需要现场监测的项目、安全保证等。

2.采样器材与现场监测仪器的准备

（1）采样器材

采样器材主要指采样器和贮样容器。采样器与贮样容器要求同地表水采样要求。地下水水质采样器分为自动式地下水水质采样器和人工式地下水水质采样器两类，自动式地下水水质采样器用电动泵进行采样，人工式地下水水质采样器可分为活塞式与隔膜式，可按要求选用。地下水水质采样器应能在监测井中准确定位，并能取到足够量的代表性水样。

（2）现场监测仪器

对于水位、水量、水温、pH、电导率、混浊度、色、嗅和味等现场监测项目，应在实验室内准备好所需的仪器设备，安全运输到现场，使用前进行检查，确保性能正常。

3.采样方法与要求

（1）地下水水质监测通常采集瞬时水样。

（2）对需要测水位的井水，在采样前应先测地下水位。

（3）从井中采集水样，必须在充分抽汲后进行，抽汲水量不得少于井内水体积的2倍，采样深度应在地下水水面0.5 m以下，以保证水样能代表地下水水质。

（4）对于封闭的生产井，可在抽水时从泵房出水管放水阀处采样，采样前应将抽水管中存水放净。

（5）对于自喷的泉水，可在涌口处出水水流的中心采样。采集不自喷泉水时，将停滞在抽水管中的水汲出，新水更替之后，再进行采样。

（6）除五日生化需氧量、有机物和细菌类监测项目外，其他监测项目采样前先用采样水荡洗采样器和水样容器2～3次。

（7）测定溶解氧，五日生化需氧量和挥发性、半挥发性有机污染物项目的水样，采样时水样必须注满容器，上部不留空隙。但准备冷冻保存的样品则不能注满容器，否则冷冻之后，会因水样体积膨胀而使容器破裂。测定溶解氧的水样采集后应在现场固定，盖好瓶塞后需要用水封口。

（8）测定五日生化需氧量、硫化物、石油类、重金属、细菌类、放射性等项目的水样应分别单独采样。

（9）采集水样后，立即将水样容器瓶盖紧、密封，贴好标签，标签设计可结合各站具体情况，一般应包括监测井号、采样日期和时间、监测项目、采样人等。

（10）用墨水笔在现场填写"地下水采样记录表"，字迹应工整、清晰，各栏内容填写齐全。

（11）采样结束前，应核对监测方案、采样记录与水样，如有错误或漏采，应立即重采或补采。

4.采样记录

地下水采样记录包括采样现场描述和现场测定项目记录两部分，各省可设计全省统一的采样记录表。每个采样人员应认真填写"地下水采样记录表"。

（四）底质样品的采集

1.采样方法

采集表层底质样品一般采用掘式采样器或锥式采样器，研究底质污染物垂直分布时，采用管式采样器。掘式采样器适用于采样量较大的情况，锥式采样器适用于采样量较小的情况，管式采样器适用于采集柱状样品，以保证底质的分层结构不变。若水域水深小于3.0 m，可将竹竿粗的一端削成尖头斜面，插入床底采样。当水深小于0.6 m，可用长柄塑料勺直接采集表层底质。

2.采样量及采样容器

底质采样量视监测项目和目的而定，通常为1～2 kg，当样品不易采集或测定项目较少时，可予以酌减。一次的采样量不够时，可在周围采集多次，并将样品混匀。样品中的砾石、贝壳、动植物残体等杂物应予以剔除。在较深水域一般常用掘式采泥器采样。在浅水区或干涸河段用塑料勺或金属铲等即可采样。把样品中的水分尽量沥干后，用塑料袋包装或用玻璃瓶盛装。供测定有机物的样品用金属器具采样，置于棕色磨口玻璃瓶中。瓶口不要沾污，以保证磨口塞能塞紧。

采样时底质一般应装满抓斗。采样器向上提升时，如发现样品流失过多，则必须重采。

3.采样记录及样品交接

样品采集后要及时将样品编号，贴上标签，并将底质的外观性状，如泥质状态、颜色、嗅味、生物现象等情况，填入采样记录表。采集的样品和采样记录表运回后一并交实验室，并办理交接手续。

二、水样的运输和保存

（一）水样运输

水样被采集后需要送至实验室进行测定，从采样点到实验室的运输过程中，物理、化学和生物的作用会使水样性质发生变化。因此，有些项目必须在采样现场测定，尽可能缩短运输时间，尽快分析测定。在运输过程中，特别需要注意以下几点。

（1）防止运输过程中样品溅出或震荡损失，盛水容器应塞紧塞子，必要时用封口胶、石蜡封口（测定油类的水样不能用石蜡封口）；样品瓶打包装箱，并用泡沫塑料或纸条挤紧减震。

（2）需要冷藏、冷冻的样品，须配备专用的冷藏、冷冻箱或车运输；条件不具备时，可采用隔热容器，并放入制冷剂，以达到冷藏、冷冻的要求。

（3）冬季应采取保温措施，以免样品瓶冻裂。

（二）水样保存方法

采集水样后，可在现场监测的项目要求在现场测定，如水中溶解氧、温度、电导率、pH等。但由于各种条件所限（如仪器、场地等），大多数监测项目需要将水样及时送往实验室测定。有时因人力、时间不足，水样还需要在实验室内存放一段时间后才能分析。为降低水样中待测成分的变化程度或减缓变化的速率，应采取适宜的保护措施，延长水样的保质期。可采取的保护措施如下。

1.冷藏或冷冻保存法

低温能抑制微生物的活动，减缓物理挥发和化学反应速率。

2.加入化学试剂保存法

在水样中加入合适的保存试剂，能够抑制微生物活动，减缓氧化还原反应速率。化学试剂可以在采样后立即加入，也可以在水样分样时分瓶分别加入。

（1）加入生物抑制剂

在水样中加入适量的生物抑制剂可以抑制微生物作用。例如，对于测定苯酚的水样，用 H_3PO_4 将水样的 pH 调节为 4，并加入适量 $CuSO_4$，可抑制苯酚菌的分解活动。

（2）调节 pH

加入酸或碱调节水样的pH，可使一些处于不稳定态的待测组分转变成稳定态。如测定水样中的金属离子，常加酸调节水样 pH ≤ 2，防止金属离子水解沉淀或被容器壁吸附。测定氰化物的水样用 NaOH 调节 pH ≥ 11，使其生成稳定的钠盐。

（3）加入氧化剂或还原剂

在水样中该类试剂可以阻止或减缓某些组分发生氧化还原反应。如在水样中加入抗坏血酸可防止硫化物被氧化；在测定溶解氧的水样中加入少量硫酸锰和碘化钾试剂可改变 O_2 的存在形态，使其不易逸失。

值得注意的是，在水样中加入任何试剂都不应给后续的分析测试工作带来影响。加入的保存试剂最好是优级纯试剂。当添加试剂相互有干扰时，建议采用分瓶采样、分别加入保存剂的方法保存水样。

3.过滤与离心分离

水样混浊也会影响分析结果，还会加速水质的变化。如果测定溶解态组分，采样后应用 0.45 μm 微孔滤膜过滤，除去藻类和细菌等悬浮物，提高水样的稳定性。如果测定不可过滤的金属，则应保留滤膜备用。如果测定水样中某组分的总含量，采样后直接加入保存剂保存，分析时充分摇匀后再取样。

4.水样的保存期

原则上采样后应尽快分析。水样的有效保存期的长短取决于待测组分的性质、待测组分的浓度和水样的清洁程度等因素。稳定性好的组分，如 F^-、Cl^-、SO_4^{2-}、Na^+、K^+、Ca^{2+}、Mg^{2+} 等，保存期较长；稳定性差的组分，保存期短，甚至不能保存，采样后应立即测定。一般待测物质的浓度越低，保存时间越短。水样的清洁程度也是决定保存期长短的一个因素，一般清洁水样保存时间不超过 72 h，轻度污染水样不超过 48 h，严重污染水样不超过 12 h。

由于天然水体、废水（或污水）样品成分不同和采样地点不同，同样的保存条件难以保证对不同类型样品中待测组分都是适用的，迄今为止还没有找到适用于一切场合和情况的绝对保存准则。综上所述，保存方法应与使用的分析技术相匹配，应用时应结合具体工作检验保存方法的适用性。

三、水样的预处理

水样的预处理是环境监测中一项重要的常规工作，其目的是去除组分复杂的共存干扰成分，将含量低、形态各异的组分处理成适合监测的含量及形态。常用的水样预处理方法有消解、富集和分离等方法。

（一）水样的消解

水样的消解是将样品与酸、氧化剂、催化剂等共同置于回流装置或密闭装置中，通过加热分解并破坏有机物的一种方法。金属化合物测定前多采用此方法进行预处理。预处理的目的一是排除有机物和悬浮物的干扰，二是将金属化合物转变成简单稳定的形态，同时通过消解还可达到浓缩目的。消解后的水样应清澈、透明、无沉淀。

1. 湿式消解法

（1）硝酸消解法，适用于较清洁的水样。

（2）硝酸 – 高氯酸消解法，适用于含有机物、悬浮物较多的水样。

（3）硫酸 – 高锰酸钾消解法，常用于消解测定汞的水样。

（4）硝酸 – 硫酸消解法，不适用于处理测定易生成难溶硫酸盐组分（如铅、钡、锶）的水样。

（5）硫酸 – 磷酸消解法，适用于消除 Fe^{3+} 等离子干扰的水样，因硫酸和磷酸的沸点都比较高，硫酸氧化性较强，磷酸能与一些金属离子络合。

（6）多元消解方法：为提升消解效果，在某些情况下需要采用三元及以上酸或氧化剂消解体系。例如，处理测量总铬含量的水样时，采用硫酸 – 磷酸 – 高锰酸钾三元消解体系。

（7）碱分解法：当用酸体系消解水样会造成易挥发组分损失时，可用碱分解法。

2. 干灰化法

干灰化法又被称为干式分解法或高温分解法，多用于底泥、沉积物等固态样品的消解，但不适用于处理测定含易挥发组分（如砷、汞、镉、硒、锡等）的水样。

3. 微波消解法

微波消解是将高压消解和微波快速加热相结合的一项消解新技术。其原理是以水样和消解酸的混合液为发热体，从内部对样品进行激烈搅拌、充分混合和加热。该技术可显著提升样品的分解速率，缩短消解时间，提高消解效率。在微波消解过程中，水样处于密闭容器中，避免了待测元素的损失和可能造成的污染。在我国发布的《水质　金属总量的消解　微波消解法》（HJ 678—2013）中，消解步骤分为三步：

（1）取 25 mL 水样于消解罐中，先加入适量过氧化氢，再根据待测元素加入适量消解液 1（5 mL 浓硝酸）或消解液 2（4 mL 浓硝酸、1 mL 浓盐酸混合液），置于通风橱中观察溶液，待氧化反应平稳后加盖旋紧。

（2）将消解罐放在微波消解仪中，按推荐的升温程序（10 min 升温至 180 ℃并保持 15 min）进行消解。

（3）微波程序运行结束后，将消解罐取出并置于通风橱内冷却至室温，放气开盖，转移消解液至 50 mL 容量瓶中，定容备用。

（二）水样的富集和分离

当水样中待测组分含量低于分析方法的检测限时，就必须进行富集或浓缩；当有共存干扰组分时，就必须采取分离或掩蔽措施。富集和分离往往是不可分割、同时进行的。常用的方法有过滤、挥发、蒸馏、溶剂萃取、离子交换、吸附、共沉淀、色谱分离、低温浓缩等。下面重点介绍挥发分离法、蒸馏法、溶剂萃取、离子交换法、共沉淀法。

1. 挥发分离法

挥发分离法是一种利用某些污染组分易挥发的特点，用惰性气体将其带出而达到分离目的的方法。例如，用冷原子荧光法测定水样中的汞时，先将汞离子用氯化亚锡还原为原子态汞，再利用汞易挥发的性质，通入惰性气体将其带出并送入仪器测定；用分光光度法测定水中的硫化物时，先使其在磷酸介质中生成硫化氢，再用惰性气体载入乙酸锌－乙酸钠溶液中吸收，从而达到与母液分离的目的。

2. 蒸馏法

蒸馏法是一种利用水样中各组分具有不同的沸点的特点使其彼此分离的方法。测定水样中的挥发酚、氰化物、氟化物、氨氮时，均需在酸性（或碱性）介质中进行预蒸馏分离。蒸馏具有消解、富集和分离三种作用。

3. 溶剂萃取

溶剂萃取是一种根据物质在不同的溶剂中分配系数不同的特点分离与富集组分的方法，常用于水中有机化合物的预处理。根据相似相溶原理，用一种与水不相溶的有机溶剂与水样混合振荡，然后放置分层，此时有一种或几种组分进入有机溶剂中，另一些组分仍留在水中，从而达到分离、富集的目的。该方法常用于常量组分的分离及痕量组分的分离与富集。若萃取组分是有色化合物，该方法可直接用于测定吸光度。

4. 离子交换法

该方法是一种利用离子交换剂与溶液中的离子发生交换反应进行分离的方法。离子交换剂分为无机离子交换剂和有机离子交换剂，其中有机离子交换剂应用广泛，也被称为离子交换树脂。离子交换树脂一般为可渗透的三维网状高分子聚合物，在网状结构的骨架上含有可电离的或可被交换的阳离子或阴离子活性基团，可与水样中的离子发生交换反应。强酸性阳离子交换树脂含有活性基团—SO_3H、—SO_3Na 等，一般用于富集金属阳离子。强碱性阴离子交换树脂含有—$N(CH_3)_3^+X^-$ 基团，其中 X^- 为 OH^-、Cl^-、NO_3^- 等，能在酸性、碱性和中性溶液中与强酸或弱酸阴离子交换。离子交换技术在富集和分离微量或痕量元素方面有较广泛的应用。

5.共沉淀法

共沉淀是指溶液中两种难溶化合物在形成沉淀的过程中，将共存的某些痕量组分一起载带沉淀出来的现象。共沉淀法主要基于表面吸附、形成混晶、异电核胶态物质相互作用及包藏等原理。

（1）利用吸附作用的共沉淀分离

该方法常用的无机载体有 $Fe(OH)_3$、$Al(OH)_3$、$Mn(OH)_2$ 及硫化物等。例如，分离含铜溶液中的微量铝，加氨水不能使铝以 $Al(OH)_3$ 沉淀析出，若加入适量 Fe^{3+} 和氨水，则利用生成的 $Fe(OH)_3$ 沉淀作载体，吸附 $Al(OH)_3$ 转入沉淀，达到与溶液中的 $Cu(NH_3)_4^{2+}$ 分离的目的。用分光光度法测定水样中的 $Cr(Ⅵ)$ 时，当水样有色、混浊、Fe^{3+} 含量低于 200 mg/L 时，可于 pH 为 8～9 的条件下用 $Zn(OH)_2$ 作共沉淀剂吸附分离干扰物质。

（2）利用生成混晶的共沉淀分离

当欲分离微量组分及沉淀剂组分生成沉淀时，若具有相似的晶格，就可能生成混晶而共同析出。例如，$PbSO_4$ 和 $SrSO_4$ 的晶形相同，如分离水样中的痕量 Pb^{2+}，可加入适量 Sr^{2+} 和过量可溶性硫酸盐，则生成 $PbSO_4$–$SrSO_4$ 的混晶，从而将 Pb^{2+} 共沉淀出来。

（3）利用有机共沉淀剂进行共沉淀分离

有机共沉淀剂的选择性较无机沉淀剂多，得到的沉淀较纯净，并且通过灼烧可除去有机共沉淀剂。例如，在含痕量 Zn^{2+} 的弱酸性溶液中，加入 NH_4SCN 和甲基紫，甲基紫在溶液中电离成带正电荷的阳离子 B^+，它们之间发生如下的共沉淀反应：

$$Zn^{2+} + 4SCN^- = Zn(SCN)_4^{2-}$$

$$2B^+ + Zn(SCN)_4^{2-} = B_2Zn(SCN)_4 （形成缔合物）$$

$$B^+ + SCN^- = BSCN （形成载体）$$

$B_2Zn(SCN)_4$ 与 $BSCN$ 发生共沉淀，将痕量 Zn^{2+} 富集于沉淀中。

第三章 基于水环境污染的水质生物监测体系

第一节 水环境污染的生物监测

一、水环境生物监测基础

包括水环境生物监测在内的环境生物监测对环境保护具有非常重要的意义，是环境管理的重要技术支撑。

（一）什么是环境生物监测

生物监测是一个被广泛使用的词汇，在不同的领域、不同的行业有不同的含义和应用。例如，除环境生物监测外，还有劳动卫生人体生物监测、口岸及医学病媒生物监测、林业有害生物监测、灭菌器生物监测等。即使是环境生物监测，不同的国家、不同的学者也有不同的定义，以下是一些教科书的定义。

定义1：利用生物的组分、个体、种群或群落对环境污染或环境变化产生的反应，从生物学的角度，为环境质量的监测和评价提供依据，该过程被称为生物监测。

定义2：生物监测是一门系统地利用生物反应评价环境的变化，将其信息应用于环境质量控制程序中的科学。

1.美国国家环境保护局对生物监测的定义

定义1：生物监测利用生物测试污水对受纳水体的排放是否可以接受并对排放点下游的水体质量进行生物学质量的测试。

定义2：生物监测利用生物实体作为探测器，通过其对环境的响应来判定环境的状况，毒性试验及环境生物监测是常用的生物监测方法。

定义3：生物监测是为了检测人体中化学品暴露水平，对血液、尿液、组织等生物材料进行的分析测试。

2.维基百科对水环境生物监测的定义

水环境生物监测是一门通过检测被检环境中生存的生物来判定河流、湖泊、溪流及湿地的生态状况的科学。水环境生物监测是最常见的生物监测形式，任何生态系统都可用这样的方式进行研究。

生物监测通常采取两种方法。

（1）生物检测，将受试生物暴露于环境中，观察其是否有变化，甚至死亡。用于生物检测的典型生物有鱼、蛙等。

（2）群落评价，也被称为生物监视，对整个生物群落进行采样，观察有哪些生物类群生存其中。在水生态系统中，这些评价常关注无脊椎动物、藻类、高等水生植物、鱼类及两栖类动物等，很少应用于其他脊椎动物（爬行类、鸟类及哺乳类）。

根据我国环境监测系统生物监测的实际情况，从实用的角度对生物监测进行如下定义：生物监测是以生物为对象（如水体中细菌总数、底栖动物等）或手段（如用 PCR 技术测藻毒素、用生物发光技术测二噁英等）进行的环境监测。

（二）作为保护对象和作为污染因素的生物

生物作为环境监测的对象时，可以有双重身份，可以是环境保护的对象，也可以是环境管理控制的污染及外来干扰因素。

生物作为保护对象时，环境生物监测就是要搞清环境中生物对各种环境胁迫的响应是怎样的，这是环境生物监测的核心内容。

生物作为污染或干扰因素时，环境生物监测就是要搞清它们的强度和对环境的负面影响，主要有以下几种类型：

（1）对病原体及其指示生物的监测，属原生生物污染监测。

（2）对外来生物的监测，属原生生物污染监测。

（3）对富营养化生物（藻类等）的监测，属次生生物污染监测。

（三）环境胁迫与生物响应

环境胁迫的生物响应是环境生物监测的核心内容，因此研究环境生物监测必须搞清环境胁迫和生物响应两个方面的内容。

环境胁迫是指使生态系统发生变化、产生反应或功能失调的外力、外因或外部刺激。环境胁迫可分为正向胁迫和逆向胁迫，正向胁迫并不影响生态系统的生存力和可持续力。这种胁迫重复发生，已经成为自然过程的组成部分，许多生态系统依此而维持，如草原上的火烧、潮间带的海浪冲刷等。然而在更为一般的意义上，环境胁迫通常指给生态系统造成负面效应（退化和转化）的逆向胁迫，主要有以下几种：

（1）水生生物等可更新资源的开采（直接影响生态系统中的生物量）。

（2）污染物排放（发生在人类生产生活活动中），如污水、PCB、杀虫剂、重金属、石油及放射性污染物质的排放，包括点源污染、面源污染等，是环境生物监测重点关注的胁迫因素。

（3）人为的物理重建（有目的地改变土地利用类型），如森林—农田、低地—城市、山谷—人工湖、湿地挤占、河道裁弯取直、水利设施建设等。

（4）外来物种的引入、病原体的污染等生物胁迫因素。

（5）偶然发生的自然或社会事件，如洪水、地震、火山喷发、战争等。

环境胁迫在生命系统组建的各个层次（包括酶 - 基因等生物大分子、细胞器、细胞、组织、器官、个体、种群、群落、生态系统、景观等微观到宏观的各个层次）上都会有相应的响应。其响应的敏感性随着生命系统组建层次从宏观到微观不断增强，响应的速度不断加快（时间不断减少），而生态关联性在减弱。因此，短期预警及应急监测敏感指标的开发和筛选可在个体水平以下进行，中长期生态预警指标则更适合在种群以上水平筛选。物种是生命存在的基本形式，兼顾生态关联性及响应敏感性，传统生物毒性检测定位在种群水平、生物监视主要定位在群落水平上是必须的，这是环境生物监测的基础。

（四）水环境生物监测的内容

按实际工作情况，水环境生物监测的内容主要包括以下 4 个方面：

（1）水生生物群落监测，主要包括大型底栖无脊椎动物、浮游植物、浮游动物、着生生物、鱼类、高等水生维管束植物甚至微生物群落的监测。

（2）生态毒理及环境毒理监测，前者以水生生物为受试生物，后者以大小鼠及家兔等哺乳动物为受试生物。

（3）微生物卫生学监测。

（4）生物残毒及生物标志物监测。

水环境生物监测是以生态学、毒理学、卫生学为学科基础，广泛吸收和借鉴现代生物技术的一项应用性技术。

水环境生物监测的监测指标包括结构性指标（如叶绿素 a 测定）和功能性指标（如光合效率测定）。

从研究方法上看，水环境生物监测包括被动生物监测和主动生物监测，前者是指对环境中某一区域的生物进行直接的调整和分析，后者是指在清洁地区对监测生物进行标准化培育后，再放置到各监测点上，克服了被动监测中的问题，易于规范化，可比性强，监测结果可靠。实际上，这反映了观测科学与实验科学的区别。类似地，人工基质采样、微宇宙试验等都具有主动监测的特性。

（五）生物监测的特点及其在环境监测中的地位

生物监测具有直观性、综合性、累积性、先导性的特点，同时具有区域性、定量—半定量的特点，是环境监测的重要组成部分。

生物指标是响应指标，水化学指标是胁迫指标，因此生物监测和理化监测同等重要，不应对立分割，是一个事物的两个方面，是两条都不能缺少的"腿"。

生物监测与化学、物理监测三位一体，全面反映环境质量，服务环境管理。生物监测要重点着眼于其独有的综合毒性和生物完整性指标。

过去有人认为生物指标是理化指标的补充和佐证。这种观点是片面的，需要重新认识和定位。

水环境生物监测在环境质量监测、污染源监测、应急监测、预警监测、专项调查监测等环境监测的各个方面都具有广阔的应用前景。

二、水环境污染的生物监测原理

水环境中存在的各类水生生物之间及水生生物与其生存环境之间既互相依存，又互相制约。水体污染使水环境发生变化时，水生生物会产生不同的反应。根据这一原理，我们可以用水生生物来判断水体污染的类型、程度。

在水环境生物监测中，布设监测断面和采样点前，首先要对监测区域的自然环境和社会环境进行调查研究，选取的断面要有代表性，尽可能与化学监测断面一致，同时要考虑水环境的整体性、监测工作的连续性和经济性等原则。对于河流，应根据其流经区域的长度，一般设上游（对照）、中游（污染）、下游（观察）三个断面，采样点的数量根据水面宽度、水深、生物分布特点确定。湖泊、水库的断面一般布设在入湖（库）区、中心区、出口区、最深水区、清洁区等处。

我国的水环境生物监测技术规范中对采样断面布设原则和方法、监测方法都做了详细规定，对河流、湖泊、水库等淡水环境的生物监测项目及频率等的要求如表3-1所示。

表 3-1　河流、湖泊、水库淡水环境的生物监测项目及频率

项　目		适用范围	监测频率
名　称	必（选）测		
浮游植物	必测 选测	湖泊、水库 河流	每年不少于两次 每年不少于两次
浮游动物	选测	河流、湖泊、水库	每年不少于两次
着生生物	必测 选测	河流 湖泊、水库	每年不少于两次 每年不少于两次
底栖动物	必测	河流、湖泊、水库	每年不少于两次
水生维管束植物	选测	河流、湖泊、水库	每年不少于两次
叶绿素 a 测定	必测 选测	湖泊、水库 河流	每年不少于两次 每年不少于两次
黑白瓶测氧	选测	湖泊、水库	每年不少于两次
残毒	部分必测①	河流、湖泊、水库、 池塘等	参照《地表水和污水监测技术 规范》（HJ/T 91 —2002) 执行
细菌总数	必测	饮用水、水源水、 地表水、废水	参照《地表水和污水监测技术 规范》（HJ/T 91 —2002) 执行
总大肠菌群	必测	饮用水、水源水、 地表水、废水	参照《地表水和污水监测技术 规范》（HJ/T 91 —2002) 执行
粪大肠菌群	选测	饮用水、水源水、 地表水、废水	参照《地表水和污水监测技术 规范》（HJ/T 91 —2002) 执行
沙门菌	选测	饮用水、水源水、 地表水、废水	参照《地表水和污水监测技术 规范》（HJ/T 91 —2002) 执行
粪链球菌	选测	饮用水、水源水、 地表水、废水	参照《地表水和污水监测技术 规范》（HJ/T 91 —2002) 执行
鱼类、蚤类、藻类 毒性试验	选测	污染源	根据污染源监测需要确定
Ames 试验	选测	污染源	根据污染源监测需要确定
紫露草微核技术	选测	污染源	根据污染源监测需要确定
蚕豆根尖微核技术	选测	污染源	根据污染源监测需要确定

续　表

项　目		适用范围	监测频率
名　称	必（选）测		
鱼类 SCE 技术	选测	污染源	根据污染源监测需要确定

注：①根据本地区水环境特征确定必测项目。

监测研究水体污染状况的方法有生物群落法、细菌学检验法、残毒测定法、急性毒性试验等。

第二节　污水的生物处理系统研究

在水体污染物中，最普遍、含量最多、危害最为严重的一类是有机污染物。去除溶解性有机物最经济、最有效的方法是生物化学处理法，简称生物法。生物法主要依靠水中微生物的新陈代谢作用，将污水中的有机物转化为自身细胞物质和简单化合物，使其稳定无害化，从而使水质得到净化。

一、微生物的生长环境

废水生物处理的主体是微生物。只有创造良好的环境条件，让微生物大量繁殖，才能获得令人满意的废水生物处理效果。影响微生物生长的条件主要有营养、温度、pH、溶解氧及有毒物质等。

（一）营养

营养是微生物生长的物质基础，生命活动所需的能量和物质来自营养。微生物细胞的组成（不包括 H_2O 和无机物）可用化学式 $C_5H_7O_2N$ 或 $C_{60}H_{87}O_{23}N_{12}P$ 表示。不同微生物细胞的组成不尽相同，对碳氮磷比的要求也不完全相同。好氧微生物要求碳氮磷比为 BOD_5 ：N：P=100：5：1[或 COD：N：P=(200～300)：5：1]。厌氧微生物要求碳氮磷比为 BOD_5 ：N：P=100：6：1。其中，N 以 NH_3-N 计，P 以 $PO_4^{3-}-P$ 计。微生物种类繁多，所需 C、N、P 的化学形式也不相同，如异养菌以有机化合物为碳源，而自养菌以 CO_2 和 HCO_3^- 为碳源。

几乎所有的有机物都是微生物的营养源。要达到预期的净化效果，控制合适的碳氮磷比十分重要。微生物除需要 C、H、O、N、P 外，还需要 S、Mg、Fe、Ca、K 等元素以及 Mn、Zn、Co、Ni、Cu、Mo、V、I、Br、B 等微量元素。

（二）温度

微生物的种类不同，所需生长温度也不同，各种微生物适应的总体温度范围是 0 ～ 80 ℃。根据适应的温度范围，微生物可分为低温性（好冷性）、中温性和高温性（好热性）三类。低温性微生物的生长温度为 20 ℃以下，中温性微生物的生长温度为 20 ～ 45 ℃，高温性微生物的生长温度为 45 ℃以上。好氧生物处理以中温为主，微生物的最适生长温度为 20 ～ 37 ℃。厌氧生物处理时，中温性微生物的最适生长温度为 25 ～ 40 ℃，高温性微生物的最适生长温度为 50 ～ 60 ℃。因此，厌氧微生物处理常利用 33 ～ 38 ℃和 52 ～ 57 ℃两个温度段，分别称为中温消化（发酵）和高温消化（发酵）。随着科学技术的发展，厌氧反应已能在 20 ～ 25 ℃的常温下进行，这就大大降低了运行费用。

在适宜的温度范围内，每升高 10 ℃，生化反应速度就提高 1 ～ 2 倍。所以，在最适温度条件下，生物处理效果较好。人为改变污水温度将增加处理成本，所以好氧生物处理一般在自然温度下进行，即在常温下进行。好氧生物处理效果受气候的影响较小，厌氧生物处理受温度影响较大，需要保持较高的温度，但考虑到运行成本，应尽量在常温下运行（20 ～ 25 ℃）。如果原污水的温度较高，应采用中温发酵（33 ～ 38 ℃）或高温发酵（52 ～ 57 ℃）。如果有足够的余热或发酵过程中产生足够的沼气（高浓度有机污水和污泥消化），则可以利用余热或沼气的热能实现中温发酵和高温发酵。一般情况下，一日内温度的波动不宜超过 ±5 ℃。所以，在生物处理时要控制适宜的水温并保持稳定。

（三）pH

酶是一种两性电解质，pH 的变化影响酶的电离形式，进而影响酶的催化性能，所以 pH 是影响酶活性的重要因素之一。不同的微生物具有不同的酶系统，所以有不同的 pH 适应范围。细菌、放线菌、藻类和原生动物的 pH 适应范围是 4 ～ 10。酵母菌和霉菌的最适 pH 为 3.0 ～ 6.0。大多数细菌适宜的 pH 为 6.5 ～ 8.5。好氧生物处理的适宜 pH 为 6.5 ～ 8.5，厌氧生物处理的适宜 pH 为 6.7 ～ 7.4（最佳 pH 为 6.7 ～ 7.2）。在生物处理过程中保持最适 pH 范围非常重要，否则微生物酶的活性会降低或丧失，微生物生长缓慢甚至死亡，导致处理失败。

进水 pH 值的突然变化会对生物处理产生很大的影响，这种影响不可逆转，所以保持 pH 值的稳定非常重要。

（四）溶解氧

好氧微生物的代谢过程以分子氧为受体，并参与部分物质的合成。没有分子氧，好氧微生物就不能生长繁殖，因此进行好氧生物处理时，要保持一定浓度的溶解氧（DO）。供氧不足，适合在低溶解氧条件下生长的微生物（微量好氧的发硫菌）和兼性好氧微生物大量繁殖。它们分解有机物不彻底，处理效果下降，且低溶解氧状态下丝状菌优势生长，引起污泥膨胀。溶解氧浓度过高，不仅浪费能量，还会因营养相对缺乏而使细胞氧化和死亡。为取得良好的处理效果，好氧生物处理时应控制溶解氧在 $2 \sim 3$ mg/L（二沉池出水 $0.5 \sim 1$ mg/L）为宜。

厌氧微生物在有氧的条件下生成 H_2O_2，但没有分解 H_2O_2 的酶而被 H_2O_2 杀死。所以，在厌氧生物处理反应器中不能有分子氧存在。其他氧化态物质（如 SO_4^{2-}、NO_3^-、PO_4^{3-} 和 Fe^{3+} 等）也会对厌氧生物处理产生不良影响。也应控制它们的浓度。

（五）有毒物质

对微生物有抑制和毒害作用的化学物质被称为有毒物质，它能破坏细胞的结构，使酶变性而失去活性。比如，重金属能与酶的 –SH 基团结合，或与蛋白质结合，使其变性或沉淀。有毒物质在低浓度时对微生物无害，超过某一数值则产生毒害。某些有毒物质在低浓度时可以成为微生物的营养。有毒物质的毒性受 pH、温度和有无其他有毒物质存在等因素的影响，在不同条件下毒性相差很大，不同的微生物对同一毒物的耐受能力也不同，具体情况应根据实验而定。

在废水生物处理过程中，应严格控制有毒物质浓度，但有毒物质浓度的允许范围尚无统一的标准，表 3-2 的数据仅供参考。

表 3-2　废水生物处理有毒物质允许浓度

毒物名称	允许浓度 / (mg · L^{-1})	毒物名称	允许浓度 / (mg · L^{-1})
亚砷酸盐	5	CN	$5 \sim 20$
砷酸盐	20	氰化钾	$8 \sim 9$
铅	1	硫酸根	5 000
镉	$1 \sim 5$	硝酸根	5 000
三价铬	10	苯	100

续　表

毒物名称	允许浓度 /（mg·L⁻¹）	毒物名称	允许浓度 /（mg·L⁻¹）
六价铬	2～5	酚	100
铜	5～10	氯苯	100
锌	5～20	甲醛	100～150
铁	100	甲醇	200
硫化物（以 S 计）	10～30	吡啶	400
氰化钠	10 000	油脂	30～50
氨	100～1 000	乙酸根	100～150
游离氯	0.1～1	丙酮	9 000

二、污水可生化性

污水可生化性指污水中污染物被微生物降解的难易程度，即污水生物处理的难易程度。污水可生化性取决于污水的水质，即污水所含污染物的性质。若污水的营养比例适宜，污染物易被生物降解，有毒物质含量低，则污水可生化性强。适于微生物生长的污水可生化性强，不适于微生物生长的污水可生化性差。

（一）污水可生化性评价方法

污水可生化性常用 BOD_5 或 COD 的比值来评价。五日生化需氧量 BOD_5 粗略代表可生物降解的还原性物质的含量（主要是有机物），化学需氧量 COD 粗略代表还原性物质（主要为有机物）的总量。由 $\frac{BOD_5}{COD}=\frac{1}{m}\frac{COD_B}{COD}$（$COD_B$ 为可生物降解的还原性物质含量）知，$\frac{BOD_5}{COD}$ 为还原性物质中可生物降解部分所占的比例（COD_B/COD）与生物降解速度（$1/m$）的乘积，能粗略代表还原性物质可生物降解的程度和速度，即污水可生化性。一般情况下，BOD_5/COD 值越大，污水可生化性越强，具体评价标准如表 3-3 所示。

表 3-3　污水可生化性评价标准

BOD$_5$/COD	< 0.3	0.3 ～ 0.45	> 0.45
可生化性	难生化	可生化	易生化

（二）污水可生化性评价中的注意事项

BOD$_5$/COD 只能近似代表污水可生化性，用 BOD$_5$/COD 评价污水可生化性时应考虑以下方面的影响。

1. 固体有机物

有些固体有机物可在 COD 测定中被重铬酸钾氧化，以 COD 的形式表现出来，但在测定 BOD$_5$ 时对 BOD$_5$ 的贡献很小，不能以 BOD$_5$ 的形式表现出来，致使此时虽然污水的 BOD$_5$/COD 小，但生物处理的效果却不差。

2. 无机还原性物质

污水中的无机还原性物质在 BOD$_5$ 和 COD 的测定中也消耗溶解氧，同一种无机还原性物质在两种测定中消耗的溶解氧量不同，指示 BOD$_5$/COD 降低，但此时污水可生化性不一定差。

3. 特殊有机物

有些有机物比较特殊，部分能被微生物氧化，却不能被 K$_2$Cr$_2$O$_7$ 氧化。虽然 BOD$_5$/COD 大，但实际上污水可生化性较差。

4. BOD$_5$/TOD

TOD 比 COD 更能准确代表污水中有机物的含量，用 BOD$_5$/TOD 评价污水可生化性更加准确。

5. 接种微生物的驯化

在测定 BOD$_5$ 时是否采用经过驯化的菌种，对测定结果影响很大。采用未经驯化的微生物接种，测得的结果偏低，采用经过驯化的微生物接种，测得的结果更加符合处理设施的实际运行情况。接种未经驯化的微生物测得的 BOD$_5$/COD 偏低，由此推断污水可生化性较差是不符合实际情况的。因此，在测定 BOD$_5$ 时，必须接入驯化菌种。

6. 水样稀释

测定 BOD$_5$ 时，往往需要对原污水加以稀释，因为浓度不同，有毒物质毒性不同，所以不同的稀释比对测定结果影响很大。高浓度的合成有机物、无机盐、重金属、硫化物和 SO$_4^{2-}$ 等对微生物有毒害作用，可抑制微生物的生长，此时污水可生化性较差。如果在测定这种污水的 BOD_5 时，将水样稀释，有毒物质浓度降低，毒性减弱，测得的 BOD_5/COD 增大，由此推断原污水可生化性较强是错误的。

三、污水处理中的微生物

（一）污水处理中的微生物分类

污水处理中的微生物种类很多，主要有菌类、藻类以及动物类。

1. 细菌

细菌的适应性强，增长速度快。根据对营养物需求的不同，细菌可被分为自养菌和异养菌两大类。自养菌以各种无机物（ CO_2、HCO_3^-、NO_3^-、PO_4^{3-} 等）为营养，将其转化为另一种无机物，释放出能量，合成细胞物质，其碳源、氮源和磷源皆为无机物。异养菌以有机碳为碳源，以有机或无机氮为氮源，将其转化为 CO_2、H_2O、NO_3^-、CH_4、NH_3 等无机物，释放出能量，合成细胞物质。污水处理设施中的微生物主要是异养菌。

2. 真菌

真菌包括霉菌和酵母菌。真菌是好氧菌，以有机物为碳源，生长 pH 为 $2 \sim 9$，最佳 pH 为 5.6。真菌需氧量少，只有细菌的一半，真菌常出现于低 pH、分子氧较少的环境中。

真菌丝体对活性污泥的凝聚起到骨架作用，但过多丝状菌的出现会影响污泥的沉淀性能，而引起污泥膨胀。真菌在污水处理中的作用是不可忽视的。

3. 藻类

藻类是单细胞和多细胞的植物性微生物，含有叶绿素，利用光合作用同化二氧化碳和水放出氧气，吸收水中的氮、磷等营养元素合成自身细胞。

4. 原生动物

原生动物是最低等的能进行分裂增殖的单细胞动物。污水中的原生动物既是水质净化者，又是水质指示物，绝大多数原生动物属于好氧异养型。在污水处理中，原生动物的作用没有细菌大，但大多数原生动物能吞食固态有机物和游离细菌，所以有净化水质的作用。原生动物对环境的变化比较敏感，不同的水质环境中会出现不同的原生动物，所以原生动物又被当作水质指示物。例如，当溶解氧充足时，钟虫大量出现；溶解氧低于 1 mg/L 时，钟虫较少出现，也不活跃。

5.后生动物

后生动物是多细胞动物,在污水处理设施和稳定塘中常见的后生动物有轮虫、线虫和甲壳类的动物。

后生动物皆为好氧微生物,生活在较好的水质环境中。后生动物以细菌、原生动物、藻类和有机固体为食,是污水处理的指示性生物,它们的出现表明处理效果较好。

(二)微生物的营养关系

细菌、真菌、藻类、原生动物、后生动物共生于水体中,细菌和真菌以水中的有机物、氮和磷等为营养进行有氧和无氧呼吸,合成自身细胞。藻类利用二氧化碳和水中的氮、磷进行光合作用,合成自身细胞并向水体提供氧气。藻类的细胞死亡后成为菌类繁殖的营养,原生动物吞食水中固体有机物、菌类和藻类,后生动物捕食水中固体有机物、菌类、藻类和原生动物。

四、微生物的代谢与污水的生物处理

微生物的生命过程是营养不断被利用,细胞物质不断被合成又不断被消耗的过程。这一过程伴随着新生命的诞生、旧生命的死亡和营养物(基质)的转化。污水的生物处理就是利用微生物对污染物(营养物)的代谢转化作用实现的。

(一)微生物的代谢

微生物从污水中摄取营养物质,通过复杂的生物化学反应合成自身细胞,排出废物。这种为维持生命活动和生长繁殖而进行的生化反应过程被称为新陈代谢,简称代谢。根据能量的转移和生化反应的类型,可将代谢分为分解代谢和合成代谢。微生物将营养物分解转化为简单的化合物并释放出能量,这一过程被称为分解代谢或产能代谢;微生物将营养物转化为细胞物质并吸收分解代谢释放的能量,这一过程被称为合成代谢。当营养缺乏时,微生物对自身细胞物质进行氧化分解,以获得能量,这一过程叫作内源代谢,又被称为内源呼吸。当营养物充足时,内源呼吸并不明显,但营养物缺乏时,内源呼吸是能量的主要来源。

没有新陈代谢就没有生命,微生物通过新陈代谢不断地增殖和死亡。微生物的分解代谢为合成代谢提供能量和物质,合成代谢为分解代谢提供催化剂和反应器,两种代谢相互依赖、相互促进、不可分割。

微生物代谢消耗的营养物一部分分解成简单的物质排入环境,另一部分合成细胞物质。不同的微生物代谢速度不同，营养物用于分解和合成的比例也不相同。厌氧微生物分解营养物不彻底，释放的能量少，代谢速度慢，将营养物用于分解的比例大，用于合成的比例小，细胞增殖慢。好氧微生物分解营养物彻底，最终产物（CO_2、H_2O、NO_3^-、PO_4^{3-} 等）稳定，含有的能量最少，所以好氧微生物代谢中释放的能量多，代谢速度快，将营养物用于分解的比例小，用于合成的比例大，细胞增殖快。

（二）污水的好氧生物处理

好氧生物处理是在有游离氧（分子氧）存在的条件下，好氧微生物降解有机物，使其稳定、无害化的处理方法。微生物利用废水中存在的有机污染物（以溶解状与胶体状的为主）作为营养源进行好氧代谢，将其分解成稳定的无机物质，达到无害化的要求，以便返回自然环境或进一步处置。废水好氧生物处理的最终过程如图 3-1 所示。

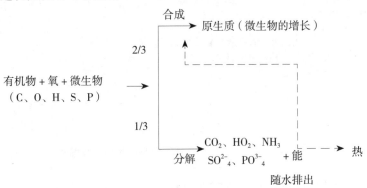

图 3-1　好氧生物处理过程中有机物转化示意图

图 3-1 表明，有机物被微生物摄取后，通过代谢活动，约有三分之一被分解，达到稳定状态，并为其生理活动提供所需的能量，约有三分之二被转化，合成新的原生质（细胞质），用于促进微生物自身生长繁殖。后者就是废水生物处理中的活性污泥或生物膜的增长部分，通常被称为剩余活性污泥或生物膜，又被称为生物污泥。在废水生物处理过程中，生物污泥经固液分离后，需要进一步处理和处置。

好氧生物处理的反应速度较快，反应时间较短，故处理构筑物容积较小，且处理过程中散发的臭气较少。因此，目前对中、低浓度的有机废水，或者说 BOD_5 浓度小于 500 mg/L 的有机废水，基本上采用好氧生物处理法。

在废水处理工程中，好氧生物处理法有活性污泥法和生物膜法两大类。

（三）废水的厌氧生物处理

厌氧生物处理是在没有游离氧存在的条件下，兼性细菌与厌氧细菌降解和稳定有机物的生物处理方法。在厌氧生物处理过程中，复杂的有机化合物被降解，转化为简单的化合物，同时释放能量。在这个过程中，有机物的转化分为三部分进行：部分被转化为 CH_4，这是一种可燃气体，可回收利用；部分被分解为 CO_2、H_2O、NH_3、H_2S 等无机物，并为细胞合成提供能量；少量有机物被转化，合成新的原生质的组成部分。由于仅少量有机物用于合成，相对于好氧生物处理法，其污泥增长率低很多。

废水厌氧生物处理过程中有机物的转化如图 3-2 所示。

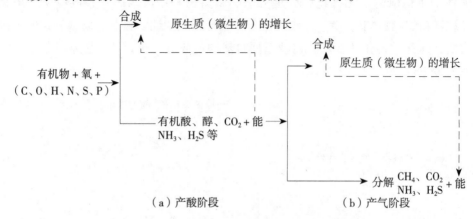

（a）产酸阶段　　　　　　　　　（b）产气阶段

图 3-2　厌氧生物处理过程中有机物转化示意图

废水厌氧生物处理过程中不需要另加氧源，故运行费用低。另外，它还具有剩余污泥量少、可回收能量（CH_4）等优点。其主要缺点是反应速度较慢，反应时间较长，处理构筑物容积大，等等。但通过对新型构筑物的设计研究，其容积可缩小。另外，为维持较高的反应速度，需要维持较高的反应温度，进而需要消耗能源。

对于有机污泥和高浓度有机废水（一般 $BOD_5 \geqslant 2\,000$ mg/L），可采用厌氧生物处理法。

第三节　水中污染生物检测与检验

一、生物群落法

（一）指示生物

　　生物群落中生活着各种水生生物，它们的群落结构、种类和数量的变化能反映水质状况，故称之为指示生物，如细菌、浮游生物、底栖动物和鱼类等。水生生物种类不同，其生存条件也不同。在正常情况下，水中存在的生物种类多，数量少。当水体受到污染后，不能适应的生物或者逃逸，或者死亡，水体中存在的生物种类少，数量多。水质不同，生物的种类和数量也不同。因此，根据水体中生物的种类和数量，就可以评价水质的污染状况。

　　浮游生物是水生动物食物链的基础，在水生生态系统中占有重要地位，多种浮游生物对环境变化反应很敏感，在水污染调查中被列为主要研究对象。浮游生物可分为浮游动物和浮游植物两大类。浮游生物悬浮在水体中，大多数的浮游生物个体较小，游泳能力弱，有的完全没有游泳能力。淡水中的浮游生物主要由原生动物、轮虫、枝角类和桡足类等组成。浮游植物主要指藻类，以单细胞、群体或丝状体的形式存在。

　　着生生物是附着于长期浸没于水中的各种基质（植物、动物、石头、人工基质）表面上的有机体群落，又被称为周丛生物。其包括许多生物类别，如细菌、真菌、藻类、原生动物、甲壳动物、轮虫、线虫、寡毛虫类、软体动物、昆虫幼虫、鱼卵和幼鱼等。着生生物可以指示水体的污染程度，在河流水质评价时应用较多。

　　底栖动物栖息在水体底部淤泥内、石块或砾石表面及其间隙中，有的附着在水生植物之间，是用肉眼可以看到的水生无脊椎动物。它们分布在江、河、湖、水库、海洋中，包括水生昆虫、大型甲壳类、软体动物、环节动物、圆形动物、扁形动物等。底栖动物的移动能力差，在正常环境的稳定水体里，种类较多，每个种类的个体数量适当，群落结构相对稳定。水体受到污染后，群落结构则会发生变化。例如，严重的有机污染和毒会使多数较为敏感、不适应缺氧环境的种类消失，耐污染的种类则被保留下来，成为优势种类。

　　鱼类代表着水生动物食物链中的最高营养级。凡能改变浮游生物和大型无脊椎动物生态平衡的水质因素也能改变鱼类种群。由于鱼类和无脊椎动物的生理特点不同，某些污染物可能不会使低等生物产生明显变化，却可能对鱼类产生影响，因此鱼类的状况能够全面反映水体的总体质量。

（二）监测方法

获得各生物类群的种类和数量的数据后，可以按照生物指数法和污水生物系统法进行污水污染状况的评价。

1. 生物指数法

生物指数是指根据生物种群的结构变化与水体污染的关系，运用数学公式反映生物种群或群落结构的变化，评价水体环境质量的数值。

（1）贝克指数法

贝克（Beek）首先提出一种简易计算生物指数的方法。他将调查发现的底栖大型无脊椎动物按对有机物污染的敏感性和耐受性分成 A 和 B 两大类，A 为敏感种类，是在污染状况下从未被发现的生物，B 为耐污种类，是在污染状况下才出现的动物，并规定在环境条件相近似的河段，采集一定面积的底栖动物，进行种类鉴定。在此基础上，按下式计算生物指数：

$$BI = 2S_A + S_B$$

式中：S_A、S_B 分别为底栖大型无脊椎动物中的敏感种类数和耐污种类数。

当 BI 值为 0 时，所监测区域属于严重污染区域。当 BI 值为 1～6 时，所监测区域为中等有机物污染区域。当 BI 值为 10～40 时，所监测区域为清洁水区。

（2）津田生物指数

津田松苗在对贝克生物指数进行多次修改的基础上，提出不限于在采集点采集，而是在拟评价或监测的河段把各种底栖大型无脊椎动物尽量采到，再用贝克公式计算，所得数值与水质的关系如下：$BI > 30$ 为清洁水区，$15 < BI < 29$ 为轻度污染水区，$6 < BI < 14$ 为中等污染水区，$0 < BI < 6$ 为严重污染水区。

（3）多样性指数

沙农–威尔姆根据群落中生物多样性的特征，经对水生指示生物群落、种群的调查和研究，提出用生物种类多样性指数评价水质。该指数的特点是能定量反映群落中生物的种类、数量及种类组成比例变化信息。例如，沙农–威尔姆的种类多样性指数计算式为

$$\overline{d} = -\sum_{i=1}^{s} \frac{n_i}{N} \log_2 \frac{n_i}{N} \tag{3-1}$$

式中：$\bar{d}$ 为种类多样性指数；N 为单位面积样品中收集到的各类动物的总个数；n_i 为单位面积样品中第 i 种动物的个数；S 为收集到的动物种类数。

式（3-1）表明动物种类越多，$\bar{d}$ 值越大，水质越好；种类越少，$\bar{d}$ 值越小，水体污染越严重。威尔姆对美国十几条河流进行了调查，总结出 $\bar{d}$ 值与水样污染程度的关系：$\bar{d} < 1.0$ 为严重污染，$1.0 < \bar{d} < 3.0$ 为中等污染，$\bar{d} > 3.0$ 为清洁。

用作计算生物指数的生物除底栖大型无脊椎动物外，还有浮游藻类，如硅藻指数：

$$硅藻指数 = \frac{2S_A + S_B - 2S_C}{S_A + S_B - S_C} \times 100 \qquad （3-2）$$

式中：S_A 为不耐污染（对污染敏感）的种类数；S_B 为对有机物耐污力强的种类数；S_C 为污染水域内独有的种类数。

对能耐受污染的 20 属藻类，维纳分别给予不同的污染指数值，如表 3-4 所示。根据水样中出现的藻类来计算总污染指数，总污染指数低于 15 为轻度污染，总污染指数达到 15 ～ 19 为中度污染，总污染指数大于 20 为严重污染。

表3-4　维纳给出的藻类污染指数值

属　名	污染指数	属　名	污染指数
组囊藻	1	微芒藻	1
纤维藻	2	舟形藻	3
衣藻	4	菱形藻	3
小球藻	3	颤藻	5
新月藻	1	实球藻	1
小环藻	1	席藻	1
裸藻	5	扁裸藻	2
异极藻	1	栅藻	4
鳞孔藻	1	毛枝藻	2
直链藻	1	针杆藻	2

2.污水生物系统法

污水生物系统法是按照污染程度和自净过程，将受到有机物污染的河流划分为几个互相连续的污染带，每一个污染带中有各自不同的独特的指示生物（生物学特征）和化学特征，据此评价水质状况。Hyness 在 1960 年绘制了污水排入河流后污染物浓度变化情况和生态模式图，如图 3-3 所示。

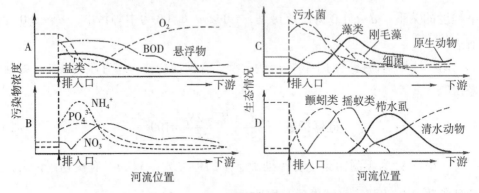

A、B—物理化学的变化；C—微生物的变化；D—较大型动物的变化。

图 3-3 污水排入河流后污染物浓度变化情况和生态模式

根据河流的污染程度，污染带可被划分为多污带、α- 中污带、β- 中污带和寡污带四种。各污染带水体内存在特有的生物种群，其生物学特征和化学特征如表 3-5 所示。

表 3-5 污水系统的生物学特征及化学特征

项 目	多污带	α- 中污带	β- 中污带	寡污带
化学过程	因还原和分解显著而产生腐败现象	水和底泥里出现氧化过程	氧化过程更强烈	因氧化使无机化达到矿化阶段
溶解氧	没有或极微量	少量	较多	很多
BOD	很高	高	较低	低
硫化氢的生成	具有强烈的硫化氢臭味	没有强烈的硫化氢臭味	无	无
水中有机物	蛋白质、多肽等高分子物质大量存在	高分子化合物分解产生氨基酸、氢等	大部分有机物已完成无机化过程	有机物全分解

项　目	多污带	α– 中污带	β– 中污带	寡污带
底泥	常有黑色硫化铁存在，呈黑色	硫化铁氧化成氢氧化铁，底泥不呈黑色	有 Fe_2O_3 存在	大部分氧化
水中细菌	大量存在，每毫升可达 100 万个以上	细菌较多，每毫升在 10 万个以上	数量较少，每毫升在 10 万个以下	数量少，每毫升在 100 个以下
栖息生物的生态学特征	动物都是细菌摄食者且耐受 pH 强烈变化，有耐氧及厌氧性生物，对硫化氢、氨等有强烈的抗性	摄食细菌动物占优势，肉食性动物增加，对溶解氧和 pH 变化表现出高度适应性，对氨大体上有抗性，对硫化氢耐性较弱	对溶解氧和 pH 变化耐性较差，并且不能长时间耐腐败性毒物	对 pH 和溶解氧变化耐性很弱，尤其对腐败性毒物（如硫化氢）等耐性很差
植物	硅藻、绿藻、接合藻及高等植物没有出现	出现蓝藻、绿藻、接合藻、硅藻等	出现多个种类的硅藻、绿藻、接合藻，是鼓藻的主要分布区	水中藻类少，但着生藻类相对较多
动物	以微型动物为主，原生动物占优势	仍以微型动物为主	多种多样	多种多样
原生动物	有变形虫、纤毛虫，但无太阳虫、双鞭毛虫、吸管虫等出现	仍然没有双鞭毛虫，但逐渐出现太阳虫、吸管虫等	太阳虫、吸管虫中耐污性差的种类出现，双鞭毛虫出现	出现少量鞭毛虫、纤毛虫
后生动物	有轮虫、蠕形动物、昆虫幼虫出现，水螅、淡水海绵、苔藓动物、小型甲壳类、鱼类没有出现	没有淡水海绵、苔藓动物，有贝类、甲壳类、昆虫出现	淡水海绵、苔藓、水螅、贝类、小型甲壳类、两栖类、鱼类均出现	昆虫幼虫很多，其他各种动物逐渐出现

　　污水生物系统法需要熟练掌握生物学分类知识，注重用某些生物种群评价水体污染状况，工作量大，耗时多。有时会出现指示生物异常的现象，给准确判断带来了一定的困难。

二、细菌学检验法

地表水、地下水甚至雨雪水中都含有多种细菌。细菌能在各种不同的自然环境中生长。当水体受到污染时，细菌就会大量增加。因此，水的细菌学检验，特别是肠道细菌的检验，在卫生学上具有重要意义。

直接检验水中的各种病原菌，方法复杂，难度大，且无法保证结果绝对正确。在实际工作中，通常用粪便污染的指示细菌间接判断水的卫生学质量。

（一）水样的采集

采集细菌学检验用水样，要严格按照无菌操作要求进行，防止在运输过程中被污染，并迅速进行检验。一般从采样到检验不宜超过 2 h，在 10 ℃ 以下冷藏保存不得超过 6 h。

（1）采集自来水样，首先用酒精灯灼烧水龙头灭菌或用 70% 的酒精消毒，然后放水 3 min，再采集约为采样瓶容积 80% 的水量。

（2）采集江、河、湖、库等水样，可将采样瓶沉入水面下 10～15 cm 处，瓶口朝水流上游方向，使水样灌入瓶内。需要采集一定深度的水样时，用采水器采集。

（二）细菌总数测定

细菌总数是指 1 mL 水样在营养琼脂培养基中，于 37 ℃ 经 24 h 培养后，所生长的细菌菌落的总数（CFU）。它是判断饮用水、水源水、地表水等污染程度的标志。其主要测定程序如下。

（1）对所用器皿、培养基等按照要求进行灭菌。

（2）营养琼脂培养基的制备：称取 10 g 蛋白胨、3 g 牛肉膏、5 g 氯化钠及 10～20 g 琼脂溶于 1 000 mL 水中，加热至琼脂溶解，调节 pH 至 7.4～7.6，过滤，分装于玻璃容器中，经高压蒸汽灭菌 20 min，储于冷暗处备用。

（3）以无菌操作方法用 1 mL 灭菌吸管吸取混合均匀的水样（或稀释水样）注入灭菌平皿中，倾注约 15 mL 已融化并冷却到 45 ℃ 左右的营养琼脂培养基，并旋摇平皿使其混合均匀。每个水样应做两份，还应另用一个平皿只倾注营养琼脂培养基作空白对照。待琼脂培养基冷却凝固后，翻转平皿，置于 37 ℃ 恒温箱内培养 24 h，然后进行菌落计数。

（4）用肉眼或借助放大镜观察，对平皿中的菌落进行计数，求出 1 mL 水样中的平均菌落数。报告菌落数时，若菌落数在 100 以内，按实有数字报告，若菌落数大于 100，用科学计数法表示。例如，菌落总数为 37 750 个 /mL，记作 3.8×10^4 个 /mL。

（三）总大肠菌群的测定

一般将总大肠菌群作为粪便污染的指示菌。因为粪便中存在大量的大肠菌群细菌，其在水体中的存活时间和对氯的抵抗力等与肠道致病菌（如沙门菌、志贺菌等）相似，在某些水质条件下，大肠菌群细菌在水中能自行繁殖。

总大肠菌群是指那些能在 35 ℃、48 h 之内使乳糖发酵产酸、产气、需氧及兼性厌氧的、革兰阴性的无芽孢杆菌，以每升水样中所含有的大肠菌群的数目表示。

总大肠菌群的检验方法有发酵法和滤膜法。发酵法适用于各种水样（包括底泥），但操作较烦琐，费时较长。滤膜法操作简便、快速，但不适用于混浊的水样。因为混浊的水样会堵塞滤膜，水样中的异物也可能干扰菌种生长。

1.多管发酵法

多管发酵法是根据大肠菌群细菌能发酵乳糖、产酸、产气以及具备革兰氏染色阴性、无芽孢、呈杆状等特性进行检验的。其检验程序如下。

（1）配制培养基

检验大肠菌群需要用多种培养基，有乳糖蛋白胨培养液、三倍浓缩乳糖蛋白胨培养液、品红亚硫酸钠培养基、伊红亚甲蓝培养基。

（2）初发酵试验

初发酵试验方法是在灭菌操作条件下，分别取不同量水样于数支装有三倍浓缩乳糖蛋白胨培养液或乳糖蛋白胨培养液的试管（内有倒管）中，得到不同稀释度的水样培养液，于 37 ℃恒温培养 24 h。该试验基于大肠菌群能分解乳糖生成二氧化碳等气体的特征，而水体中某些细菌不具备此特点。能产酸、产气的细菌绝非仅属于大肠菌群，还需要进行复发酵试验证实。

（3）平板分离

水样经初发酵试验培养 24 h 后，将产酸、产气及只产酸的发酵管分别接种于品红亚硫酸钠培养基或伊红亚甲蓝培养基上，于 37 ℃恒温培养 24 h，挑选出符合下列特征的菌落，取菌落的一小部分进行涂片、革兰染色、镜检。

大肠菌群在伊红亚甲蓝培养基上所呈现的菌落有深紫黑色（具有金属光泽的菌落）、紫黑色(不带或略带金属光泽的菌落)和淡紫红色（中心色较深的菌落）。

品红亚硫酸钠培养基上的菌落有紫红色（具有金属光泽的菌落）、深红色（不带或略带金属光泽的菌落）和淡红色（中心色较深的菌落）。

（4）复发酵试验

涂片镜检的菌落若为革兰阴性无芽孢杆菌，则取该菌落的另一部分再接种于装有乳糖蛋白胨培养液的试管（内有倒管）中，每管可接种分离自同一初发酵管的最典型菌落 1～3 个，于 37 ℃恒温培养 24 h，有产酸、产气者，则证实有大肠菌群存在。

（5）大肠菌群计数

根据存在大肠菌群的阳性管数，查总大肠菌群数检数表（表略），报告每升水样中的总大肠菌群数。对于不同类型的水，视其总大肠菌群数的多少，用不同稀释度的水样试验，以便获得较准确的结果。

总大肠菌群数的检验流程如图 3-4 所示。

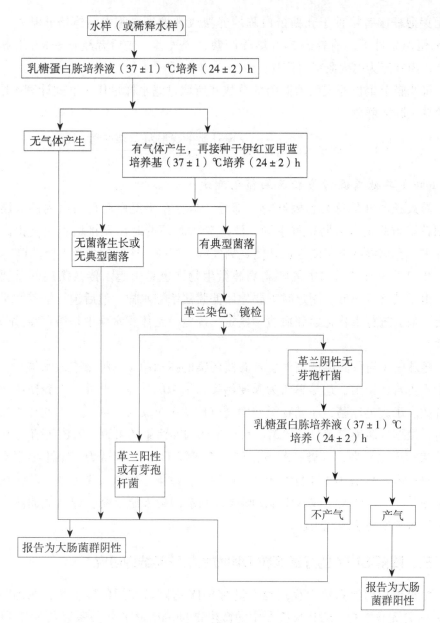

图 3-4 总大肠菌群数的检验流程

2. 滤膜法

将水样注入已灭菌、放有微孔滤膜（孔径 0.45 μm）的滤器中，抽滤后细菌则被截留在膜上，将该滤膜贴于品红亚硫酸钠培养基上，37 ℃恒温培养 24 h，对符合发酵法所述特征的菌落进行涂片、革兰染色和镜检。再将具备革兰阴性的无芽孢杆菌者接种于乳糖蛋白胨培养液或乳糖蛋白胨半固体培养基中，在37 ℃恒温条件下，前者经 24 h 培养产酸、产气者，或后者经 6 ~ 8 h 培养产气者，则判定为总大肠菌群阳性。

将滤膜上生长的大肠菌群菌落总数和所取过滤水样量代入下式计算 1 L 水中的总大肠菌群数：

$$1\ L水中的总大肠菌群数 = \frac{所计数的大肠杆菌菌落数 \times 100}{过滤水样量（mL）}$$

（四）其他粪便污染指示细菌的测定

粪大肠菌群是总大肠菌群的一部分，是存在于温血动物肠道内的大肠菌群细菌。与测定总大肠菌群不同，测定粪大肠菌群时需要将培养温度提高到44.5 ℃，在该温度下仍能生长并使乳糖发酵、产酸、产气的为粪大肠菌群。

沙门氏菌属是污水中的常见病源微生物，也是引起水传播疾病的重要原因。由于其含量很低，测定时需要先用滤膜法浓缩水样，然后进行培养和平板分离，最后进行生物化学和血清学鉴定，确定一定体积水样中是否存在沙门氏细菌。

链球菌（通称粪链球菌）也是粪便污染的指示菌。这种菌进入水体后，在水中不再自行繁殖，这是它作为粪便污染指示菌的优点。此外，人粪便中大肠菌群数多于粪链球菌，而动物粪便中粪链球菌多于粪大肠菌群，因此在水质检验时，根据这两种菌菌数的比值，可以推测粪便污染的来源。若该比值大于 4，则认为污染主要来自人粪；若该比值小于或等于 0.7，则认为污染主要来自温血动物；若该比值小于 4 且大于 2，则为混合污染，但以人粪为主；若该比值小于或等于 2，且大于或等于 1，则难以判定污染来源。粪链球菌数的测定也多采用多管发酵法或滤膜法。

三、降解 SMX 的好氧颗粒污泥微生物群落结构研究

好氧颗粒污泥系统中存在着大量对 SMX 有降解作用的微生物，明确降解SMX 的关键微生物、SBR 反应器中的微生物与 SMX 的作用关系以及 SMX 降解中微生物的动态变化过程，对于提高好氧颗粒污泥技术降解 SMX 的效率具有重要意义。本研究采用高通量测序技术分析了 SBR 系统中降解 SMX 各个阶段的微生物群落变化情况，确定功能菌群随时间的演替和分布情况，从而掌握在SMX 降解过程中种群多样性的动态变化，旨在更好地掌控 SMX 降解的生物过程，解析好氧颗粒污泥系统中的微生物与 SMX 的相互作用机制。

（一）实验仪器与平台

实验用到的主要仪器有低温离心机（SIGMA）和超低温冰箱。高通量测序平台为美吉生物云平台。

（二）实验方法

从曝气均匀的反应器内取适量污泥，混合均匀后于 10 mL 离心管中，在 4 ℃、5 000 g/min 的条件下离心 10 min。离心后用注射器抽出上清液，弃去，将离心管中的污泥保存于 –80 ℃冰箱中。测序引物为 338F（ACTCCACGGGAGGCAGCA）。测序流程由 DNA 抽提、设计合成引物接头、PCR 扩增与产物纯化、PCR 产物定量、构建 PE 文库与 Illumina 测序等步骤构成。

（三）实验结果与分析

1. 污泥颗粒化过程中物种多样性分析

稀释曲线（rarefaction curve）可以反映各样本在不同测序数量时的微生物多样性，也可以用来说明样本的测序数据量是否合理[1]。图 3-5 是多样性指数为 Sobs 的稀释曲线图，图中曲线趋向平坦，继续测序不会产生大量新的物种，这说明测序数据量合理，测序结果可以反映样本中绝大多数的微生物多样性信息。

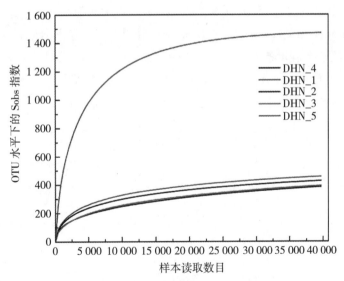

图 3-5　Sobs 指数稀释曲线

---

① MENG F, GAO G, YANG T, et al. Effects of fluoroquinolone antibiotics on reactor performance and microbial community structure of a membrane bioreactor[J]. Chemical engineering journal, 2015, 280: 448-458.

Alpha 多样性包括 Sobs、Chao、Ace、Heip、Smithwilson 等多种指数，可以从多个角度体现样品中微生物多样性的差异情况[①]。其中，Chao、Ace、Shannon、Simpson、Coverage 可以分别反映微生物群落的种群丰度、多样性和覆盖度[②]。从表 3-6 中可以看出，加药组 R1 中的生物多样性明显低于 R2，这可能是由于 SMX 的存在导致一些微生物无法生存。与初始的接种污泥相比，R1 中的种群丰度和多样性都大大减少。

表 3-6　AlpHa 多样性指数

样品名称	Shannon	Simpson	Ace	Chao	Coverage
DHN_1（接）	6.264 656	0.004 025	1 482.986	1 479.482	0.998 815
DHN_2（R1）	3.507 213	0.062 300	501.413 9	496.109 1	0.997 452
DHN_3（R1）	3.438 905	0.062 218	492.893 7	483.069 0	0.997 590
DHN_4（R1）	3.700 262	0.064 964	498.019 1	498.660 4	0.998 318
DHN_5（R2）	3.922 132	0.045 020	532.388 3	527.916 7	0.998 035

Venn 图可以更加直观地体现各样本中物种组成的相似程度[③]。图 3-6 是这五个样本在 OUT 水平下的 Venn 图，重合部分的数字表示各样本中相同的 OUT 数目，未重合部分的数字表示各个样品独有的 OUT 数目[④]。从图 3-6 中可以看出，五个样本中共有 OUT 数目为 134，样本 DHN_1 中独有的 OUT 数最大，为 1 120，这表示接种污泥经过在反应器中的培养驯化之后，其中大部分物种较为相似。

① ZHANG T, SHAO M-F, YE L. 454 Pyrosequencing reveals bacterial diversity of activated sludge from 14 sewage treatment plants[J]. Isme journal, 2012, 6(6): 1137-1147.

② SONG C, SUN X-F, WANG Y-K, et al. Fate of tetracycline at high concentrations in enriched mixed culture system: Biodegradation and behavior[J]. Journal of chemical technology & biotechnology, 2016, 91(5): 1562-1568.

③ CHAO Y, MAO Y, WANG Z, et al. Diversity and functions of bacterial community in drinking water biofilms revealed by high-throughput sequencing[J]. Scientific reports, 2015, 5: 10044.

④ HUANG F, PAN L, SONG M, et al. Microbiota assemblages of water, sediment, and intestine and their associations with environmental factors and shrimp physiological health[J]. Applied microbiology and biotechnology, 2018, 102: 8585-8698.

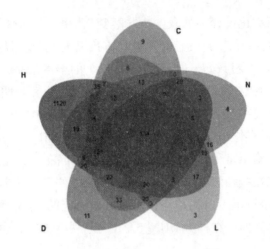

图 3-6　群落结构 Venn 图

2.微生物群落的动态变化分析

（1）污泥颗粒化过程中微生物群落变化情况

在污泥颗粒化过程中，对 SMX 的去除效率出现大幅波动，可能是加药组 R1 中的微生物群落结构发生变化导致的，图 3-7 分别标注了 R1 中三个样品取样时所对应的 SMX 去除率。样品 DHN_1 为两组反应器的接种污泥，样品 DHN_5 来自运行至第 80 天的 R2 反应器（此时 R2 中已经形成颗粒且尚未投加 SMX）。

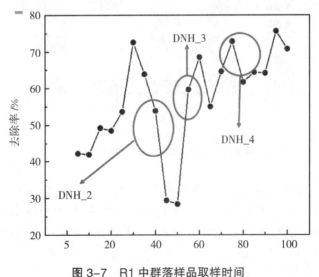

图 3-7　R1 中群落样品取样时间

首先对污泥颗粒化过程中的微生物群落变化情况进行分析。图 3-8 体现了两组反应器中微生物在门水平上的种类和丰度变化情况。从图 3-8 中可以看出，在这几个样本中变形菌门（Proteobacteria）的丰度最高，其次是放线菌门（Actinobacteria）和拟杆菌门（Bacteroidetes），以往研究表明，这几种菌是好氧颗粒污泥内部常见的优势菌[①]。与接种污泥相比较，R1 和 R2 中放线菌门的丰度明显上升。在样本 DHN_1 中，绿弯菌门（Chloroflexi）占比 11.1%，而在其他样本中的含量均不足 1%。螺旋菌门（Saccharibacteria）在几个样本中的丰度存在明显变化，在接种污泥中占比 4.63%，在 R1 的三个样本中分别占 5.29%、14.4%、30.84%，呈逐渐上升的趋势，而该阶段对应的 SMX 去除率与螺旋菌门丰度变化一致。螺旋菌门在样本 DHN_5（R2）中占 9.82%，也高于接种污泥中的丰度。

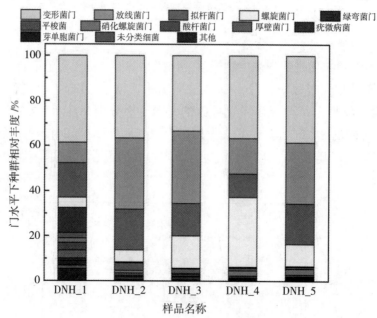

图 3-8　微生物在门水平的分布情况

SMX 的长期存在抑制了一些细菌的生长，导致 R1 中物种多样性的急剧下降，但并未抑制变形菌门细菌的生长，这可能是由于 SMX 的浓度较低，对污泥体系中原始的优势菌并未造成影响。放线菌在接种污泥中占比 9.1%，在

---

① 成敏. 高效除磷活性污泥中功能菌解析及其除磷基因组学基础研究 [D]. 西安：西安建筑科技大学，2018.

SMX 长期存在的 R1 中占比 31.5%。与其他受到抑制的细菌不同，放线菌在 SMX 存在条件下含量反而上升了，这说明 SMX 抑制了其他细菌的生长，为放线菌创造了良好的生存条件，使其成为好氧颗粒污泥系统中的优势菌，与前人报道的放线菌可以利用 SMX 作为碳源进行生长繁殖的结果是一致的[①]。

　　根据图 3-7 可知，R1 中的样本 DHN_2 取自 SMX 去除率下降阶段，DHN_3 和 DHN_4 分别取自 SMX 去除率恢复和稳定阶段。在这三个样本中，螺旋体未知菌属（norank_p_Saccharibacteria）的丰度排序为 5.29% < 14.4% < 30.84%，对应的 SMX 去除效率为 53.88% < 59.68% < 79.83%，这说明螺旋体菌可能是好氧颗粒污泥体系中降解 SMX 的关键菌，与门水平分析结果一致。除此之外，还可以发现螺旋体菌在 DHN_5 中的占比为 9.82%，此时的 R2 的进水中并没有添加 SMX。这意味着在不经过 SMX 驯化的成熟好氧颗粒污泥中对 SMX 具有降解作用的螺旋体菌本身就是优势菌，解释了 R2 中 SMX 的降解效率为什么一开始就高于 70%，从微生物角度进一步证实了好氧颗粒污泥在降解 SMX 上具有一定优势。除了种群丰度较高的菌属之外，索氏菌（Thauera）的浓度变化也值得关注。索氏菌是一种兼性菌，具有好氧反硝化脱氮的能力[②]。有研究表明，该菌在好氧或厌氧条件下可以利用一些带有苯环结构的有机物[③]。在接种污泥中索氏菌含量仅有 0.7%，在 R1 中含量有所上升（2.16%）。这说明在 SMX 的胁迫下，在污泥颗粒化过程中能够利用 SMX 的细菌丰度逐渐升高，颗粒化程度越高，对 SMX 的去除效果越好。

　　（2）单因素实验中微生物群落的动态变化

　　在单因素实验部分，每个因素的浓度水平发生变化时保存污泥样品，按照单因素名称对各个样品进行分组。利用高通量测序技术检测样品中微生物丰度变化情况，进一步了解在 SMX 浓度、COD 浓度、DO 浓度发生变化时好氧颗粒

①　WANG S Z, WANG J L. Biodegradation and metabolic pathway of sulfamethoxazole by a novel strain acinetobacter sp[J]. Applied microbiology and biotechnology, 2018, 102(1): 425-432.

②　蔡丽云，须子唯，黄宇，等 . 延时曝气 SBR 工艺处理垃圾渗滤液的脱氮微生物研究 [J]. 化学工程师，2019, 33(2): 40-42.

③　MECHICHI T, STACKEBRANDT E, FUCHS G, et al. phylogenetic and metabolic diversity of bacteria degrading aromatic compounds under denitrifying conditions, and description of thauera phenylacetica sp. nov., Thauera aminoaromaticasp. nov., and Azoarcus buckelii sp. nov[J]. Archives of microbiology, 2002, 178(1): 26-35.

污泥内部的微生物群落动态变化过程。样品名称、分组情况与各因素浓度水平变化的对应情况如表 3-7 所示。

表 3-7　样品名称与单因素变化对应情况

因素变化水平	样品名称	分组名称
SMX 浓度　1 000 μg/L	D_1	SMX
SMX 浓度　2 000 μg/L	D_2	
SMX 浓度　3 000 μg/L	D_3	
SMX 浓度　4 000 μg/L	D_4	
COD 浓度　200 mg/L	D_5	COD
COD 浓度　400 mg/L	D_6	
COD 浓度　600 mg/L	D_7	
COD 浓度　800 mg/L	D_8	
DO 浓度　6 mg/L	D_9	DO
DO 浓度　　4 mg/L	D_10	

　　图 3-9 反应了微生物随各单因素变化在门水平上的演替情况。当 SMX 浓度为变化因素时，变形菌门（Proteobacteria）和拟杆菌门（Bacteroidetes）是颗粒污泥中的优势菌门。随着 SMX 浓度不断增加，变形菌门的丰度从 32.73% 增加到 74.37%，同时拟杆菌门的丰度逐渐降低（65.53% > 45.64% > 43.86% > 20.74%）。在整个 SMX 浓度升高的过程中，变形菌门和拟杆菌门在系统中占绝对优势，其他门类的丰度极低，这可能是因为随着 SMX 对好氧颗粒污泥的压力逐渐增大，系统内物种多样性降低。进水中 COD 浓度从 200 mg/L 提高到 800 mg/L，该阶段中好氧颗粒污泥中的优势菌门为变形菌门（Proteobacteria）、拟杆菌门（Bacteroidetes）、放线菌门（Actinobacteria）、绿弯菌门（Chloroflexi）。COD 浓度为 200 mg/L 时，污泥中优势菌门及其丰度如下：放线菌门（68.64%）> 变形菌门（13.97%）> 拟杆菌门（11.38%）。COD 浓度提高后，物种丰富度明显增加。此外，绿湾菌门（Chloroflexi）、酸杆菌门（Acidobacteria）、厚壁菌门（Phylum Firmicutes）、浮霉菌门（Planctomycetes）、

硝化螺旋菌门（Nitrospirae）等菌门的丰度明显升高。DO 浓度降低可能影响到反应器内大多数好氧微生物，使物种多样性再次降低。除变形菌门（74.68%、86.74%）和拟杆菌门（15.1%、7.59%）保持较高丰度外，其他菌门的丰度明显降低。可以看出，变形菌门和拟杆菌门在各因素水平变化时一直处于优势地位。由于 SMX 持续存在，物种多样性较低，当进水营养提高后好氧颗粒污泥快速增长，反应器内菌门种类也随之增多。

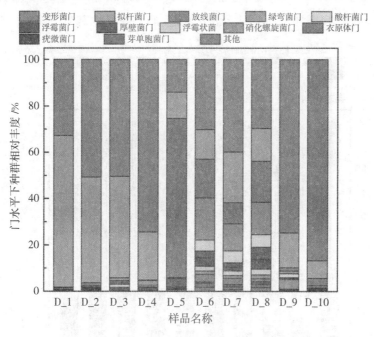

图 3-9　微生物随各单因素变化在门水平上的演替情况

　　图 3-10 体现了 SMX 浓度、COD 浓度和 DO 浓度三个因素变化时，反应器内微生物在属水平上的变化情况。选取丰度在前的物种进行分析，根据前四个样本中各菌属的丰度可知，在 SMX 浓度增加过程中，丰度较高的几种菌属分别为黄杆菌属（Flavobacterium）、副球菌属（Paracoccus）、索氏菌属（Thauera）、蛭弧菌属（Bdellovibrio）。其中，黄杆菌属和副球菌属是典型的好氧菌，但副球菌属能以硝酸盐、亚硝酸盐或氧化氮为电子受体营厌氧生长，有研究者在厌氧条件下富集磺胺甲恶唑降解菌，在驯化后的污泥中发现副球菌属的丰度明显增加[1]。当反应器内 SMX 浓度不断升高时，黄杆菌属的丰度呈现出

① 苏小莉.磺胺甲恶唑厌氧降解菌群的富集及降解特性研究 [D].哈尔滨：哈尔滨工业大学，2019.

逐渐降低的趋势（46.19% > 28.85% > 13.43% > 8.69%）。有研究表明黄杆菌属可以对氨氮、亚硝氮、硝态氮这三种形式的氮进行不同程度的转化[①]，因此黄杆菌属的丰度逐渐降低也解释了在 SMX 浓度升高的后期，反应器出水中亚硝氮积累量增加的现象。与黄杆菌属相反，索氏菌属丰度随着 SMX 浓度升高而增加（2.2% < 7.71% < 8.19%），也就是说在 SMX 的压迫下颗粒污泥中能利用 SMX 的微生物不断增加。值得注意的是，SMX 浓度为 4 000 μg/L 之后，索氏菌的丰度没有继续增加，而此时污泥对 SMX 的去除量也有所下降。

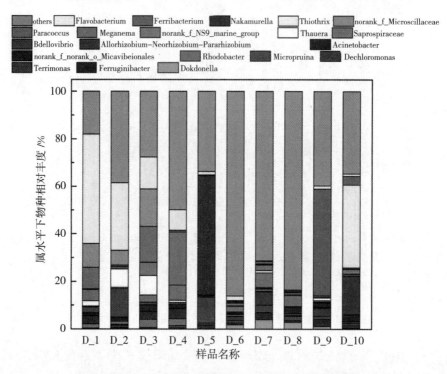

图 3-10　微生物随各单因素变化在属水平上的演替情况

分析样本 D_5 可知，当 COD 浓度为 200 mg/L 时，菌属的丰富度相对较低，除未知菌属外，Nakamurella 的含量最高，为 50.18%，其次是铁杆菌属（Ferribacterium），含量为 10.88%。进水 COD 浓度升高后，菌属种类越来越丰富，但对 SMX 的去除能力并未提升。前文推测螺旋体菌和索氏菌可能是好氧颗粒污泥中去除 SMX 的主要微生物，然而基质浓度升高后这两种菌的丰度并

---

① 甘美君，曾庆鹏，王海蓉，等.脱氮菌 Flavobacterium sp.FL211T 的筛选与硝化特性研究 [J].环境保护与循环经济，2017, 37(11): 16-21.

没有增加。这一方面可能是因为此时反应器中的 SMX 浓度为 5 μg/L，较低浓度的 SMX 对好氧颗粒污泥系统产生的压力较小，所以能够利用 SMX 的菌并没有成为优势种；另一方面可能是因为基质浓度的增加使污泥中物种多样性大幅提高，多种微生物同时存在，不利于螺旋体菌和索氏菌的生长。

样本 D_9 和 D_10 分别体现了 DO 浓度为 6 mg/L、4 mg/L 时污泥中微生物的分布情况。如图 3-11 所示，DO 浓度降至 6 mg/L 之后，铁杆菌属（Ferribacterium）成为优势菌属，其丰度为 44.5%。同时，之前污泥中存在的优势菌属黄杆菌属和副球菌属在这两个样本中的含量不足 1%。当 DO 浓度降至 4 mg/L 之后，好氧颗粒污泥出现破碎的现象且对各项污染物的去除能力下降。在样本 D_10 中可以看到，此时的污泥中丰度最高的菌属是丝状菌属（Thiothrix），其含量为 34.87%。Wu Xianwei 等人[①] 的研究表明，丝状菌属会分泌大量多糖，使菌体表面存在一层较厚的 "液膜"，导致氧气传质效率迅速降低。氧气传质效率降低使好氧颗粒污泥内部的厌氧区不断扩大，最终导致污泥破碎甚至完全解体，系统崩溃。

3. 样本差异比较分析

通过以上分析可知各样本中优势菌门（属）的分布情况，对各个样本进行 Beta 多样性分析，比较不同分组样本中群落的差异性，可以体现不同组间整体物种的分布情况，明确菌属的分布趋势是否是引起样本间差异的主要原因。图 3-11 是属水平下样本层级聚类分析树状图，图中树枝长度表示样本间的距离，树枝后是各样本的名称。从图中最左侧起，可将所有样本划分为 4 类。第一类中只有一个样本 D_5，第二类中包含样本 D_1、D_2、D_3、D_4，第三类为样本 D_10，第四类中有 D_9、D_6、D_7、D_8，分类结果与分组情况大体一致，说明物种分布趋势是引起样本间差异的主要原因。

①　WU X W, HUANG J, LU Z C, et al. Thiothrix eikelboomii interferes oxygen transfer in activated sludge[J]. Water research, 2019, 151: 134-143.

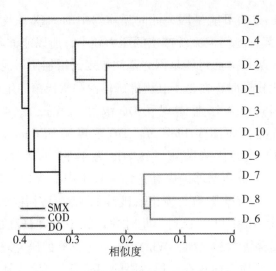

图 3-11　样本层级聚类分析树状图

　　利用 ANOSIM 分析对组间差异显著性进行检验。图 3-13 是组间差异箱线图，横轴上 between 对应的箱子表示组间差异大小，横轴上其他箱子分别表示各组组内差异。在 ANOSIM 分析法中，*Statistic* 值的范围是 0 ～ 1，*Statistic* 值越小则组间和组内的差异越小，*Statistic* 值越接近 1，两者差异越大。分析结果如图 3-12 所示，*Statistic* 值为 0.671 7，表明组间差异大于各组组内差异，分组有意义。P=0.01（$P < 0.05$），则说明组间具有显著性差异。通过以上分析可知，微生物分布情况是引起各组显著差异的主要原因，因此推测不同样本中优势种的丰度可能是导致各单因素条件下 SMX 去除效果不同的原因。

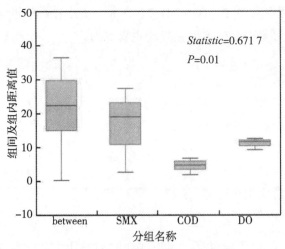

图 3-12　组间及组内差异箱线图

4. 物种差异性分析

明确了组间具有显著性差异后，对各分组样本进行物种差异性分析，进一步讨论引起组间差异的特定物种。选取属水平下丰度为前10的物种，对SMX去除率下降和恢复时好氧颗粒污泥微生物群落动态差异进行比较分析。分析结果如图3-13所示，其中柱形图表示物种在两个样本中的丰度，右侧小球对应的横坐标是该物种在两个样本中丰度的差值，最右侧的数值为 P 值。图中体现了 DHN-2 和 DHN-4 在属水平上具有显著性差异的微生物类群。在 SMX 去除效果较差（DHN-2）时，其他菌属的丰度较高，但螺旋体菌属（norank_p_Saccharibacteria）和索氏菌属（Thauera）的丰度较低。去除效果恢复（DHN-4）时，这两种菌的丰度显著增加（ P < 0.01 ）。这说明螺旋体菌属和索氏菌是引起两个样本差异的主要微生物，也极有可能是导致污泥在第40天（DHN-2）和第80天（DHN-4）对 SMX 去除效果不同的关键。

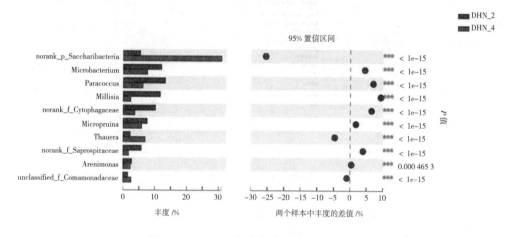

图 3-13　SMX 去除率波动前后组间差异

图 3-14 分别比较 SMX 浓度（dan1smx）与 COD 浓度（dan2cod）和 SMX 浓度与 DO 浓度（dan3do）的物种差异。分析图 3-15（a）可知，引起 SMX 与 COD 两个样本组间差异的主要物种有副球菌属（Paracoccus）、索氏菌（Thauera）、黄杆菌属（Flavvobacterium）、蛭弧菌属（Bdellovibrio）等。在 SMX 浓度不断增大的压力作用下，对 SMX 可能存在降解作用的副球菌属（Paracoccus）和索氏菌（Thauera）的丰度明显高于其他组中的丰度。由此推测 SMX 的去除效果与副球菌属、索氏菌在颗粒污泥中的丰度有关，并且在适当范围内提高 SMX 浓度有利于污泥中能分解利用 SMX 的微生物生长繁殖。

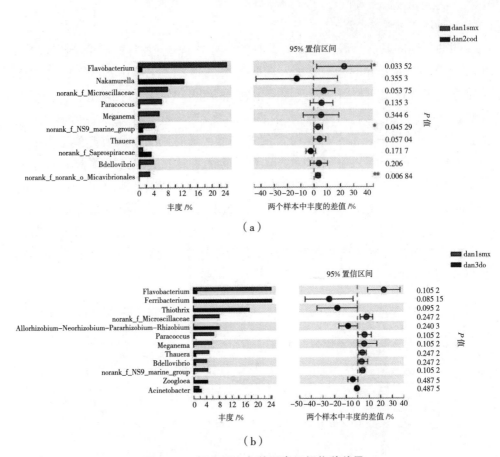

（a）

（b）

图 3-14　属水平上各单因素组间物种差异

第四章　城市污水与工业废水处理监测系统研究

第一节　城市污水处理监测系统研究

一、城市污水处理系统

（一）城市污水的组成

污水是受到人为的物理性或化学性、生物性、放射性等侵害后，其水质成分或外观性状会对饮用或使用和环境造成危害和风险的水，又被称为废水、脏水或病态水。它一般指人们在生活或生产中使用清洁水体的水后所排出的一种特殊水质的水体。污水是经过适当处理后可以再生使用的一种重要水利资源。

城市污水是排入城市排水系统中各类废水的总称，泛指生活污水、生产污水（应适当处理后）以及其他排入城市排水管网的混合污水。

1.生活污水

生活污水是人们日常生活中使用过并为生活废料所污染的水。例如，居民区、宾馆、饭店等服务行业以及一些娱乐场所产生的污水。

2.工业废水

工业废水是工矿企业生产活动中用过的水，是生产污水和生产废水的总称。

生产污水即在生产过程中形成，被生产原料、半成品或成品等废料所污染的水，也包括热污染水（生产过程中产生的温度高于 600 ℃的高温水）。生产污水被处理后才能排放或再用。

生产废水即在生产过程中形成，但未直接参与生产工艺，未被污染或只是温度稍有上升的水。这种废水一般不需要处理或只需要进行简单处理，即可再用或排放。

3.受污染的降水

受污染的降水主要指初期雨水和雪融水。由于冲刷了地面上的各种污物，污染程度很高，需要进行处理。

（二）城市污水的水质

1.影响城市污水水质的因素

城市污水水质主要受居民生活污水、工业生产污水等的水质成分及其混合比例、城市居民生活习惯、季节和气候条件以及排水系统体制等的影响。

城市污水中的污染物质是多种多样的，有油脂、粪尿、洗涤剂、染料、溶液、各类有机和无机物，还有细菌、病毒等致病微生物，以及具有毒性、酸碱性、放射性的物质和重金属类物质等。这些污染物质按化学成分可分为无机和有机两大类，按物理形态可分为悬浮固体、胶体及溶解性污染物质。

2.生活污水水质

生活污水包括厨房洗涤、淋浴、洗衣等废水以及冲洗厕所等污水。其成分取决于居民生活的状况、水平和习惯。污染物浓度与用水量有关。

生活污水的主要污染物是有机物和氮、磷等营养物质，其水质特征是水质稳定但混浊、色深且具有恶臭，呈微碱性，一般不含有毒物质，含有大量的细菌、病毒和寄生虫卵。

生活污水中所含固体物质占总质量的 1% ～ 0.2%，其中溶解性固体（主要是各种无机盐和可溶性的有机物质）占 3/5 ～ 2/3，悬浮固体（其中有机成分占 4/5）占 1/3 ～ 2/5。此外，生活污水中还有氮、磷等物质。

城市生活污水的典型组成如表 4-1 所示。典型生活污水水质指标如表 4-2 所示。我国部分城市的生活污水水质情况如表 4-3 所示，供参考。

表 4-1　城市生活污水的典型组成

单位：mg/L

项　目	无机物	有机物	总　量	BOD$_5$	项　目	无机物	有机物	总　量	BOD$_5$
可沉固体	40	100	140	55	总固体	275	380	655	160
不可沉固体	25	70	95	65	氮	15	20	35	
溶解固体	210	210	420	40	磷	3	3	6	

表 4-2　典型生活污水水质指标

单位：mg/L

水质指标	浓度			水质指标	浓度		
	高	中	低		高	中	低
总固体	1200	720	350	可生物降解部分	750	300	200
溶解性总固体	850	500	250	溶解性	375	150	100
非挥发性	525	300	145	悬浮性	375	150	100
挥发性	325	200	105	总氮	85	40	20
悬浮物	350	220	100	有机氮	35	15	8
非挥发性	75	55	20	游离氮	50	25	12
挥发性	275	165	80	亚硝酸盐	0	0	0
可溶解物	20	10	5	硝酸盐	0	0	0
生化需氧量	400	200	100	总磷	15	8	4
溶解性	200	100	50	有机磷	5	3	1
悬浮性	200	100	50	无机磷	10	5	3
总有机碳	290	160	80	氯化物	200	100	60
化学需氧量	1 000	400	250	碱度	200	100	50
溶解性	400	150	100	油脂	150	100	50

表 4-3　我国部分城市的生活污水水质情况

单位：mg/L（除 pH 外）

水质指标	北 京	上 海	西 安	武 汉	哈尔滨
pH	7.0～7.7	7.0～7.5	7.3～7.9	7.1～7.6	6.9～7.9
SS	100～320	300～350	—	60～330	110～450
BOD_5	90～180	350～370		320～340	80～250
NH_3-N	25～45	40～50	21.7～32.5	15～60	15～50
氯化物	120～124	140～150	80～105	—	—
P	30～35		4～21	11.5～34.5	5～10

水质指标	北 京	上 海	西 安	武 汉	哈尔滨
K	18～22	19.5	13.4	29.1	19.5

我国一般城市生活污水水质参数的变化幅度如表 4-4 所示，南方不同排水系统的城市生活污水水质数据如表 4-5 所示，供参考。

表 4-4 一般城市生活污水水质参数的变化幅度

单位：mg/L（除 pH 外）

水质指标	pH	SS	BOD_5	NH_3-N	COD	P	K
变化幅度	7.1～7.7	50～300	100～400	15～59	250～1 000	30～34.6	17.7～22

表 4-5 我国南方城市不同排水体制的污水水质

单位：mg/L

排水体制	BOD_5	COD	SS	TN	TP
分流制	150～230	250～400	150～250	20～40	4～8
合流制	60～130	170～255	70～150	15～23	3～5

二、城市污水中污染物质的危害

水中含有的污染物质是城市污水对环境和人体健康具有危害性的根源。城市污水中的污染物质大致可分为固体性、需氧性、营养性、酸碱性、有毒性、油类、生物性及感官性等污染物，其相关水质指标及危害如表 4-6 所示，供参考。

表4-6 城市污水中污染物质的危害

类 别	污染物质	相关水质指标	危 害
固体污染物	泥沙、矿渣、有机质胶体、无机质悬浮物和胶体等	浊度 悬浮物（SS） 溶解团体（DS） 总固体（TS=SS+DS）	使水混浊，降低水的透明度；易使管道及设备堵塞、磨损；影响水生物的生活
耗氧有机污染物（可生物降解有机物）	碳水化合物、烃类化合物、蛋白质、脂肪、糖、维生素等	化学需氧量（COD） 高锰酸钾指数 （COD_{Mn}） 耗氧量（OC） 生化需氧量（BOD_5） 总需氧量（TOD） 总有机碳（TOC）	使水体溶解氧降低
富营养化污染物（植物营养素）	硝酸盐、亚硝酸盐、氨氮、磷化物（如洗涤剂）	氮（N） 磷（P）	可使湖泊、水库等缓流水体的水质富营养化，滋生藻类，产生水华等；硝酸盐和亚硝酸盐在胃中可生成"三致"（致癌、致畸、致突变）物质亚硝酸胺
无机无毒污染物	酸、碱、无机盐	pH 溶解性总固体 电导率	可使水的pH发生变化；增加水的无机盐含量和硬度；破坏水体的自然缓冲能力；抑制微生物的生长；妨碍水体的自净；使水质恶化、土壤酸化或盐碱化；酸性废水具有腐蚀性
有毒污染物	无机有毒物质如非重金属物（砷、氰化物）、重金属物（汞、镉、铬、铅等）；有机有毒物质如有机氯农药、多氯联苯、多环芳烃、高分子聚合物（塑料、人造纤维、合成橡胶）、染料等	毒理学指标	具有强烈的生物毒性，影响水生物生长，并可通过食物链危害人体健康

类 别	污染物质	相关水质指标	危 害
放射性污染物	X射线、α射线、β射线、γ射线及质子束等	放射性指标	可引起慢性辐射和后期效应，如诱发癌症，促成贫血、白细胞增生，使孕妇和婴儿损伤，引起遗传性损害等
油类污染物	石油类、动植物油	含油量	使水面形成油膜，破坏水体的复氧条件。附着于土壤颗粒表面和动植物体表，影响养分吸收和废物排出
生物污染物	致病的细菌、病毒和病虫卵等	细菌总数 总大肠菌落 粪大肠菌落	可引起水致传染疾病，如伤寒、霍乱、痢疾以及肝炎、脑炎等
感官性污染物	不溶物、漂浮物等	色度 浊度 臭味 肉眼可见物	使水产生色度、浊度、泡沫、恶臭等
热污染	水温升高	温度	水温升高可使水中的溶解氧减少，造成水生物死亡；可加快藻类繁殖，加快水体富氧化进程；可导致水中化学反应加快，使水的物化性质发生变化，加速对管道和容器的腐蚀；可加速细菌生长繁殖，增加后续水处理的费用

三、城市污水处理方法

（一）污水处理的基本方法

污水处理指采用一定的处理方法和流程将污水中所含的污染物质减少或分离出去，或将其转化为无害和稳定的物质，以使污水得到净化，恢复其原来性状或使用功能的过程。现代污水处理技术按作用机理可分为三类，即物理处理法、化学处理法和生物处理法。也有把物理化学处理法另作一类的。

1.物理处理法

物理处理法主要包括对污水进行筛选、混合、絮凝、沉淀、浮选以及过滤等典型的物理单元操作，以去除各种较大的漂浮物和可沉淀固体，处理过程中不改变其化学性质。

根据物理作用类型的不同，物理处理法采用的方法与设备也各不相同，污水物理处理法的类型和设备如图4-1所示。

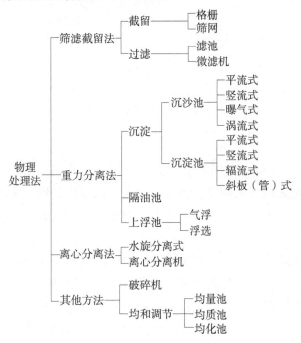

图4-1　污水物理处理方法的类型和设备

2.化学处理法

化学处理法指通过投加化学药剂或利用其他化学反应去除污水中污染物质或使污染物质转化为无害物质的各种处理方法。常用的化学处理法有混凝沉淀、电解、气体传递、吸附、中和、氧化还原、离子交换、消毒等。污水化学处理法的类别如图4-2所示。

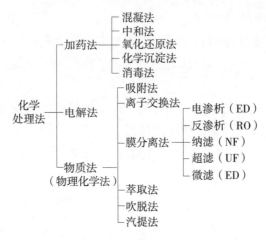

图 4-2　污水化学处理法类别

3.生物处理法

　　此法通过微生物的代谢作用，使污水中呈溶解状态、胶体状态以及某些不溶解的有机甚至无机污染物质，转化为稳定、无害的物质，从而使污水得到净化。此法也被称为生化法，即生物化学处理法。一般认为，污水的可生化指大于0.3时才适用生物处理法。

　　污水生物处理法分为好氧生物处理法和厌氧生物处理法两大类（图4-3）。这两类生物处理法按照所处条件可分为自然和人工两种；按照微生物的生长方式，可分为活性污泥法（悬浮生长型）和生物膜法（附着生长型）两种，每种又有许多形式；按照系统的运行方式可分为连续式和厌氧式；按照主体设备中的水流状态，可分为推流式和完全混合式等。

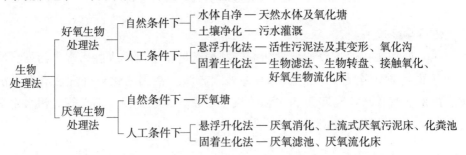

图 4-3　污水生物处理法类别

　　好氧生物处理法常用于城市污水和有机生产污水的处理，厌氧生物处理法则多用于处理高浓度有机污水及污泥。

（二）城市污水处理级别

按照污水处理后的功能要求，污水处理分无害化处理（达标排放）和再生回用处理（可供专门用户使用）两类。前者一般由一级处理和二级处理组成，后者一般在前者的基础上再增加一个三级处理或深度处理。我国以前建造的污水处理厂的功能多属前者。此后，随着城市污水资源化的推广应用，不少城市污水处理厂在工艺设计时，就包括了三级深度处理的工程内容，或者先不实施，但对其所需的位置和面积做了预留。

根据对污水的不同净化要求，城市污水处理可分为一级、二级和三级处理。

1. 一级处理

一级处理主要指除去水中漂浮物和部分悬浮状态的污染物质，调节 pH。一级处理由筛滤、重力沉降、浮选等物理方法串联组成，可以除去污水中大部分粒径在 100 μm 以上的大颗粒物质，减轻污水的腐化程度，降低后续处理工艺的负荷。

污水经一级处理后，悬浮固体物的去除率为 70%～80%，BOD_5 的去除率只有 30% 左右，尚达不到排放标准，但一级处理对后续污水处理工序起着重要的保障作用，因此其往往是污水处理工艺中不可缺少的首段处理。对于某些特殊情况或特殊的排水，只经一级处理便可用于农田灌溉或排放。

2. 二级处理

二级处理主要指大幅度除去污水中呈胶态和溶解态的有机污染物，以生物处理作为污水二级处理的主体工艺。按 BOD_5 去除率，二级处理可分为两类，一类 BOD_5 的去除率为 75% 左右（包括一级处理），处理出水的 BOD_5 可达到 60 mg/L，被称为不完全二级处理；另一类 BOD_5 的去除率达 85%～95%（包括一级处理），处理出水的 BOD_5 可达到 20 mg/L，被称为完全二级处理。二级处理常用的方法有活性污泥法和生物膜法。

由于通常多采用生物处理作为二级处理的主体工艺，人们常把生物处理与二级处理看成同义语。但应当指出，近年来随着新型水处理材料及装备的不断开发以及水处理工艺的不断改进，采用物理化学或化学方法作为主体工艺的二级处理也在日渐发展，如利用表面过滤机理的分离技术等。

自 20 世纪 70 年代以来，我国在城市污水处理工程中较多采用的是活性污泥法及其变种工艺技术等。在进行二级处理之前，污水需要先进行一级处理。在污水的二级处理中，所产生的污泥也必须得到相应的处理和处置，否则将会造成新的污染。

3.三级处理

三级处理指采用一些单元操作和单元过程联合装置除去二级处理未能除去的污染物质，如氮、磷等，目的在于控制富营养化，并使废水能被重新回收利用，采用的方法有生物脱氮、混凝沉淀、过滤、离子交换和电渗析等。三级处理能除去大部分的氮和磷，能使 BOD_5 从 20 ~ 30 mg/L 降低到 5 mg/L 以下。完善的三级处理包括除磷、除氮、除去难降解的有机物、除去溶解性盐和病原体等处理过程。

四、城市污水处理工艺流程

城市污水中的污染物质有各种各样的，用单一处理方法很难把所有污染物全部去除，往往需要用数种方法组成的处理系统或流程，才能达到要求的处理程度。

城市污水处理是对收集到的污水及污泥进行处理，包括污水处理系统和污泥处理系统两大部分，前者应是污水处理厂的主体。污水处理厂的处理工艺指对污水处理所采用的系列处理单元的组合。处理工艺选择的主要依据是原水水质、处理程度、处理厂规模以及其他条件。

污水处理是消除污染、为民造福的。无害化城市污水处理工艺的典型流程如图 4-4 所示，该流程由完整的二级处理系统和污泥处理系统组成。

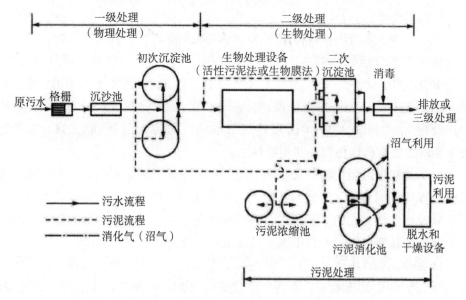

图 4-4　城市污水处理工艺的典型流程

在一般城市污水的三级处理体制中，一级是预处理，二级是主体，三级是精制。在各种污水处理方法中，目前生物处理方法仍是整个城市污水处理的主流。从城市污水处理技术的发展上看，一级处理技术最成熟，已相对定型，三级处理虽然处于发展阶段，但所用技术费用较高，只有生物法这一部分，近百年来处在不断发展之中，至今仍方兴未艾。但应当指出，随着城市污水处理厂出水排放标准的日益严格，三级处理势在必行。另外，值得注意的是活性污泥数学模型以及数字化技术的发展应用将引起污水处理工艺设计方法的重大变革。因为它可将更多的有关因素参数包容在内，使工艺设计更加科学、更加符合客观实际。计算机自动化控制技术的引入和应用将使污水处理工艺设施的处理功能得到更好的发挥，并使污水处理获得更高的运行和处理效率。

污水处理工艺流程由若干功能不同的单元处理设施（构筑物、设备、装置等）和输配水管渠组成。随着污水处理技术的发展，一方面同一功能处理设施的类型在不断增多，另一方面同一设施的处理功能也在不断扩展。

五、城市污水典型处理工艺实例

（一）城市污水处理厂 H_2S、CS_2 与臭气浓度的监测方案

1.城市污水处理厂 H_2S、CS_2 与臭气浓度监测点位的确定

对典型污水处理工艺中的 H_2S、CS_2 与臭气浓度进行了现场监测研究，分别选取了华北地区、珠江三角洲和长江三角洲的城市污水处理厂作为研究对象，开展监测工作，采用 SBR 污水处理工艺。

所选的华北地区的城市污水处理厂采用的 SBR 污水处理工艺对污水的设计处理能力为 50 000 t/d。该工艺采用的是循环式活性污泥法，一级处理单元为旋流沉沙池和配水井；二级处理单元的生物池包括生物选择池和 SBR 反应器，其中 SBR 反应器分为 3 个阶段：进水曝气阶段（2 h，即进水和曝气 1 h，单独曝气 1 h）、沉淀阶段（1 h）、滗水阶段（1 h），整个生化处理阶段共需 4 h。

所选的珠江三角洲的城市污水处理厂采用的 SBR 污水处理工艺对污水的设计处理能力为 55 000 t/d，生活污水占 70%，工业废水占 30%。SBR 污水处理工艺的一级处理单元为曝气沉沙池，污水先进入厌氧池，然后分配到 SBR 反应器，SBR 反应器共分为 4 个阶段：进水阶段和曝气阶段（共 2 h）、沉淀阶段（1 h），滗水阶段（1 h），共 4 h。

所选的长三角 SBR 工艺对污水的设计处理能力为 55 000 t/d。一级处理单元为曝气沉沙池；二级处理单元为 SBR 反应器，一个运行周期需要 4 h，分为进水、曝气、沉淀和滗水 4 个阶段。

通过对前人的研究成果的分析总结及对污水处理厂的现场考察，确定了以上三个地区 SBR 污水处理工艺 H_2S、CS_2 与臭气浓度的采样点位分别为格栅、沉沙池、生化处理阶段、污泥浓缩池、污泥脱水机房和厂界上、下风向。采样点位如图 4-5 所示。

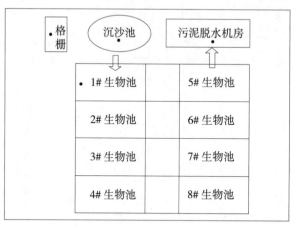

图 4-5　SBR 污水处理工艺采样点位示意图

2.城市污水处理厂 H_2S 与 CS_2 的采样和保存方案

城市污水处理厂 H_2S 与 CS_2 的采样包括水—气界面 H_2S 与 CS_2 的样品采集以及环境气体中 H_2S 与 CS_2 的样品采集。水—气界面又分为曝气单元和非曝气单元。

（1）环境气体样品的采样方法

由于硫化物的化学性质非常活泼，一般的采样装置会影响硫化物的采集和保存。为了保证硫化物样品的气体质量，用苏玛罐收集 H_2S 与 CS_2。苏玛罐为不锈钢材质，内壁经过硅烷化惰性处理，以防止其内表面吸附 H_2S 与 CS_2，影响目标样品的浓度测定。苏玛罐体积为 3 L。

采样前，需用自动清罐仪对苏玛罐进行清洗，清洗气体为高纯氮气，反复清洗 5 次后，将清洗后的苏玛罐通入氮气，经分析，罐内没有检测出硫化物，说明苏玛罐达到了采样要求。采样时，用限流阀连接预先清洗好的苏玛罐，以控制进气流速。将苏玛罐放入选定的采样点后，打开阀口，收集环境气体，待苏玛罐上的真空压力表稳定时，说明苏玛罐已充满气体，关上阀口，带回实验室分析。

（2）非曝气单元水—气界面 H_2S 与 CS_2 的采样方法

非曝气单元水—气界面 H_2S 与 CS_2 的采集使用的是静态箱法，这是一种常见的用于测定水—气界面气体排放通量的采样方法。本次采样所用的静态箱的体积约为 60 L，可以满足采样要求，材质为不锈钢，内壁做过 PTFE 内衬（防止其吸附硫化物），其他采样装置还包括聚四氟乙烯采样袋和采样管。

采样时，安装好各组件使其能浮于水面上，将静态箱放在水面上，待箱内气体平衡后将苏玛罐连上静态箱上的采样管，打开采样管上的开关，再打开苏玛罐上的阀口，收集一次箱内的气体，然后关上采样管上的开关，待一定时间后（视具体情况而定），再采集一次箱内的气体，用于计算该采样单元的排放通量。

（3）曝气单元水—气界面 H_2S 与 CS_2 的采样方法

曝气单元水—气界面用气袋法采集 H_2S 与 CS_2，气袋为聚乙烯材质，高 1 m，边长 0.3 m，体积约 0.09 m^3。其他采样装置还包括聚四氟乙烯采样袋和采样管。

采样时，组装好各部件，并将气袋内的气体排空，然后将整个装置放入水中，并开始计时。待气袋完全充满气体时，记录充满气体的时间，用于计算排放通量。将气袋上的采样管连上苏玛罐，打开采样管上的开关以及苏玛罐上的阀口，开始收集气袋内的气体。

（4）气体样品的保存方法

将各采样点处的气体样品收集到苏玛罐中，遮光保存，带回实验室，于 48 h 之内分析完毕。

3. 臭气浓度现场监测

使用便携式恶臭检测仪对采样地点的臭气浓度进行监测，仪器型号为 Odor Catch／SLC-1205OP1240N01，其生产厂家为韩国科学技术分析中心。该恶臭检测仪可以检测大气环境和污染源排放口的臭气浓度，对大气环境的检测范围为 1～100 OU，对污染源排放口的检测范围为 1～300 OU。相对标准偏差为 ±3%。臭气浓度采样点位与 H_2S 和 CS_2 的采样点位相同，只采样环境气体的臭气浓度。对于加盖的处理单元，在废气排放口设置采样点；对于开放的处理单元，在每个处理单元的下风向选取采样点。采样高度距离地面 1.2 m 左右。

该便携式恶臭检测仪可以在现场直接得出采样点的臭气浓度，每个数据的检测时间为 120 s，重复检测 3 次。

（二）城市污水处理厂典型处理工艺 H_2S、CS_2 与臭气排放特征研究

1. SBR 污水处理工艺不同处理单元 H_2S、CS_2 与臭气排放特征

图 4-6 为冬季采样时所得的华北地区 SBR 污水处理工艺各处理单元 H_2S 的排放浓度，从图中可以发现，H_2S 集中排放于粗格栅，排放浓度为 5.49 mg/m^3。旋

流沉沙池中 H₂S 的排放浓度低于粗格栅，但高于其他处理单元，为 0.09 mg/m³，SBR 污水处理工艺生化处理阶段的 H₂S 和储泥池中的 H₂S 排放浓度很接近，为 0.041 ~ 0.042 mg/m³，厂界的 H₂S 浓度低于仪器检出限，可见 H₂S 存在于污水处理厂内部，未扩散到周边区域。《城镇污水处理厂污染物排放标准》（GB 18918—2002）中规定 H₂S 一级排放限值为 0.03 mg/m³。可见，除厂界外，其他处理单元 H₂S 的排放浓度均高于该限值，粗格栅 H₂S 浓度超出该限值 182 倍。

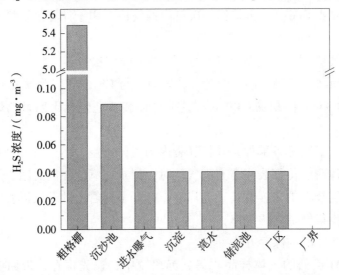

图 4-6　冬季华北地区 SBR 工艺各处理单元 H₂S 的排放浓度

H₂S 的嗅觉阈值极低，约为 0.000 8 mg/m³，冬季采样点位的 H₂S 浓度除厂界外都远高于其嗅觉阈值，其中粗格栅的 H₂S 浓度大约是其嗅觉阈值的 6 863 倍，旋流沉沙池的 H₂S 浓度约为其嗅觉阈值的 113 倍，生化处理池、储泥池和厂区的 H₂S 浓度约为其嗅觉阈值的 51 倍[1]。

Sivret[2] 等的研究表明，污水管网上部的气体成分以挥发性硫化物为主，并且硫化氢在挥发性硫化物中占绝大多数。本次 H₂S 的检测结果与之相符，因为污水在污水处理的前段工艺中未经过脱臭处理，所以会聚集大量的 H₂S。溶解氧充足

[1]　郭晓琪，吕永，覃卫星. 广州市垃圾转运站恶臭物质氨和硫化氢的含量测定 [J]. 环境卫生工程，2009, 17(S1): 8-83, 86.

[2]　SIVER E C, WANG B, PARCSI G, et al. Priortisation of odorants emittde form sewera using odour activity values[J]. Water research, 2016, 88: 308-321.

时，硫化物通常以硫酸盐等含氧酸盐的形式存在，H_2S 的浓度不会很高[①]，这也与本次研究结果相一致——进水曝气阶段 H_2S 的浓度低于粗格栅和旋流沉沙池。

图 4-7 为春季采样时所得的华北地区 SBR 污水处理工艺各处理单元 H_2S 的排放浓度。由 4-7 图可知，H_2S 在旋流沉沙池的浓度最高，其值为 0.048 mg/m^3，为其嗅觉阈值 60 倍，进水曝气阶段的 H_2S 浓度为 0.046 mg/m^3，为其嗅觉阈值的 57.5 倍，旋流沉沙池和进水曝气阶段 H_2S 浓度较高的原因是污水在经过旋流沉沙池以及 SBR 处于进水曝气阶段时会被搅拌并产生曝气作用，使本来存在于水相中的 H_2S 被释放到气相中；H_2S 在粗格栅也有很高的浓度，其浓度为 0.026 mg/m^3，是嗅觉阈值的 32.5 倍，在 SBR 沉淀阶段、污泥脱水机房和 SBR 滗水阶段，H_2S 浓度呈下降趋势，厂界上风向和厂界下风向的 H_2S 浓度低于检出限，说明 H_2S 只产生于污水处理厂处理污水过程中，并不存在于外源污染物，也未对外界产生污染。将本次检测结果与国标相比，只有旋流沉沙池和进水曝气阶段的 H_2S 浓度超过一级标准规定的限值 0.03 mg/m^3。

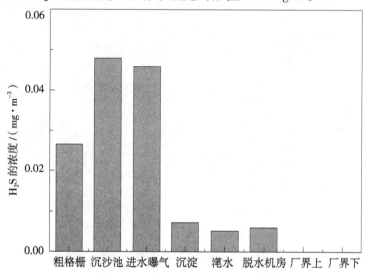

图 4-7　春季华北地区 SBR 污水处理工艺各处理单元 H_2S 的排放浓度

对比图 4-6 与图 4-7 可以发现，H_2S 排放浓度高的点位在冬季与春季存在着一定区别，由冬季时的粗格栅和旋流沉沙池转变为春季的旋流沉沙池和 SBR 进水曝气阶段。同时，冬季 H_2S 的排放浓度也普遍高于春季，冬季 H_2S 的最大浓度为 5.49 mg/m^3，而春季 H_2S 的最大浓度为 0.048 mg/m^3；冬季除厂界外，

---

① 孙永利 . SBR 反工艺硫化物气体产生机理试验研究 [D]. 重庆：重庆大学，2001.

其他处理单元的 H₂S 浓度均高于国标一级标准，而春季只有旋流沉沙池和 SBR 进水曝气阶段的 H₂S 浓度超过一级标准。由于污水处理厂的水质参数不会发生很大的变化，出现这种情况的原因可能是春季采样时的风速较大，导致 H₂S 被稀释，从而使 H₂S 的检测结果偏低。两次采样结果也都说明了 H₂S 产生于污水处理厂内部，也于污水处理厂内部得到处理，并未对外界环境造成影响。

图 4-8 为冬季采样时所得的华北地区 SBR 污水处理工艺各处理单元 CS₂ 的排放浓度，从图中可以看出，CS₂ 的排放浓度最高点位存在于粗格栅，其浓度为 0.013 mg/m³，旋流沉沙池、进水曝气阶段、沉淀阶段、滗水阶段、储泥池、厂区和厂界的 CS₂ 排放浓度比较接近，浓度范围为 0.002 5 ～ 0.002 6 mg/m³。《城镇污水处理厂污染物排放标准》（GB 18918—2002）中规定 CS₂ 一级排放限值为 2.0 mg/m³。可见，本次检测结果均满足一级标准。

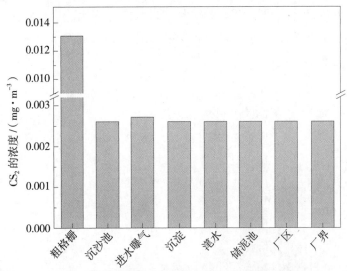

图 4-8　冬季华北地区 SBR 污水处理工艺各处理单元 CS₂ 的排放浓度

图 4-9 为春季采样时所得的华北地区 SBR 工艺各处理单元 CS₂ 的排放浓度，从图中可看出，CS₂ 的浓度在旋流沉沙池最高，达到 0.012 mg/m³，进水曝气阶段和粗格栅次之，浓度分别为 0.011 mg/m³ 和 0.010 mg/m³，沉淀阶段、滗水阶段和污泥脱水机房的 CS₂ 浓度为 0.002 5 ～ 0.002 6 mg/m³，远低于粗格栅、沉沙池和进水曝气阶段，厂界上风向和厂界下风向的 CS₂ 浓度低于检出限。此外，本次检测结果都符合国标一级标准。

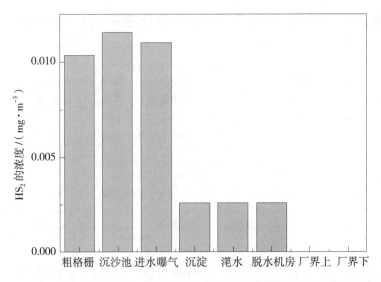

图 4-9　春季华北地区 SBR 污水处理工艺各处理单元 CS_2 的排放浓度

对比图 4-8 与图 4-9 可以发现，CS_2 的浓度最高点位由冬季的粗格栅转变为春季的旋流沉沙池，且 CS_2 的最高浓度比较接近，冬季的最大 CS_2 浓度为 0.013 mg/m³，春季的最大 CS_2 浓度为 0.012 mg/m³；不管是冬季还是春季，沉淀阶段、滗水阶段的 CS_2 浓度都为 0.002 5 ~ 0.002 6 mg/m³。有研究表明，CS_2 的嗅觉阈值为 0.035 52 mg/m³，对比华北地区各处理单元冬季和春季的 CS_2 浓度可知，两次采样的 CS_2 浓度均低于其嗅觉阈值，说明 CS_2 不是这两次采样的主要恶臭污染物。

表 4-7 列出了在冬季和春季采样时华北地区 SBR 污水处理工艺各处理单元 H_2S 和 CS_2 的释放通量、排放总量和吨水排放量。从表中可知，冬季粗格栅处 H_2S 的释放通量最高，为 47.404 mg/（m²·d），进水曝气阶段 CS_2 的释放通量最高，为 0.247 mg/（m²·d）；冬季进水曝气阶段 H_2S 的排放总量最大，达到 47 214.570 mg/d，占整个污水处理工艺的 60%，吨水排放量也最大，为 0.944 mg/m³，进水曝气阶段 CS_2 的排放总量最大，达到 2 934.758 mg/d，吨水排放量也最大，为 0.059 mg/m³。春季进水曝气阶段 H_2S 和 CS_2 的释放通量最高，分别为 4.395 mg/（m²·d）和 1.063 mg/（m²·d）；春季进水曝气阶段 H_2S 的排放总量最大，达到 52 182.993 mg/d，占整个污水处理工艺的 93%，吨水排放量也最大，为 1.044 mg/m³，进水曝气阶段 CS_2 的排放总量最大，达到 12 614.307 mg/d，吨水排放量也最大，为 0.252 mg/m³。

表 4-7　城市污水典型处理工艺气态无机硫化物与臭气的排放特征研究

采样点	面积/m²	物质	冬　季			春　季		
			释放通量/（mg·m⁻²·d⁻¹）	排放总量/（mg·d⁻¹）	吨水排放量/（mg·m³）	释放通量/（mg·m⁻²·d⁻¹）	排放总量/（mg·d⁻¹）	吨水排放量/（mg·m⁻³）
粗格栅	120	H_2S	47.404	5 688.507	0.114	0.230	27.546	0.001
		CS_2	0.113	13.582	0.000 3	0.090	10.745	0.000 2
旋流沉沙池	28	H_2S	0.769	21.525	0.000 4	0.413	11.571	0.000 2
		CS_2	0.022	0.629	0.000 01	0.100	2.800	0
进水曝气	11 872	H_2S	3.977	47 214.570	0.944	4.395	52 182.993	1.044
		CS_2	0.247	2 934.758	0.059	1.063	12 614.307	0.252
沉淀阶段	11 872	H_2S	1.087	12 912.937	0.258	0.191	2 269.693	0.045
		CS_2	0.069	814.894	0.016	0.068	809.756	0.016
滗水阶段	11 872	H_2S	1.123	13 328.220	0.267	0.140	1 664.592	0.033
		CS_2	0.069	814.894	0.016	0.069	816.593	0.016
总计	35 764	H_2S	54.360	79 165.759	1.583	5.369	56 156.395	1.123
		CS_2	0.520	4 578.757	0.091	1.390	14 254.201	0.284

　　冬季华北地区城市污水处理厂 SBR 污水处理工艺 H_2S 和 CS_2 的释放通量合计分别为 54.360 mg/（m²·d）与 0.520 mg/（m²·d），排放总量合计分别为 79 165.759 mg/d 与 4 578.757 mg/d，吨水排放量合计分别为 1.583 mg/m³ 和 0.091 mg/m³；春季华北地区城市污水处理厂 SBR 污水处理工艺 H_2S 和 CS_2 的释放通量合计分别为 5.369 mg/（m²·d）和 1.390 mg/（m²·d），排放总量合计分

别为 56 156.395 mg/d 与 14 254.201 mg/d，吨水排放量合计分别为 1.123 mg/m³ 和 0.284 mg/m³。可见，H_2S 和 CS_2 的释放规律在季节上存在差别，H_2S 在冬季释放量高，CS_2 在春季释放量高。

从表中还可以发现，H_2S 和 CS_2 释放通量高的点位与它们排放浓度高的点位一致。由于曝气作用，H_2S 和 CS_2 在进水曝气阶段的排放速率要比沉淀和滗水阶段快很多，在进水曝气阶段 H_2S 和 CS_2 的释放通量也很高；H_2S 和 CS_2 日排放量和吨水释放量最高的点位是生化处理池的进水曝气阶段，虽然粗格栅和旋流沉沙池的释放通量很高，但是粗格栅和旋流沉沙池的面积远小于生化处理池的面积，所以粗格栅和旋流沉沙池的排放量没有进水曝气阶段高。

由此可见，从释放强度的角度看，污水处理工艺的主要控制点位是粗格栅和旋流沉沙池；从释放总量的角度看，污水处理工艺的主要控制点位是生化处理池的进水曝气阶段。

图 4-10 是冬季取得的华北地区 SBR 污水处理工艺各处理单元的臭气浓度，从图中可以看出，粗格栅和旋流沉沙池的臭气浓度都很高，分别达到了 258.58 OU 与 131.12 OU，而《城镇污水处理厂污染物排放标准》（GB 18918—2002）中规定臭气浓度一级标准为 10（无量纲），可见粗格栅和旋流沉沙池的臭气浓度均远高于一级标准的规定限值，这与采样现场的感受相符合，在现场可以明显地感觉到令人难受的恶臭。SBR 进水曝气阶段、SBR 沉淀阶段、SBR 滗水阶段、污泥储泥池和污泥脱水机房的臭气浓度均低于国标一级标准。有文献指出污泥脱水机房会有很高的臭气浓度，这与本次华北地区冬季采样结果存在差异，一方面可能是因为采样当天的气温较低，污泥对恶臭物质的吸附作用使臭气浓度较低；另一方面可能是因为污水厂使用高效的污泥处理工艺降低了恶臭污染物的产生量[①]。厂界的臭气浓度低于仪器检出限。

---

① 席劲琪，胡洪营，罗彬，等.城市污水处理厂主要恶臭源的排放规律研究[J].中国给水排水，2006(21): 99-103.

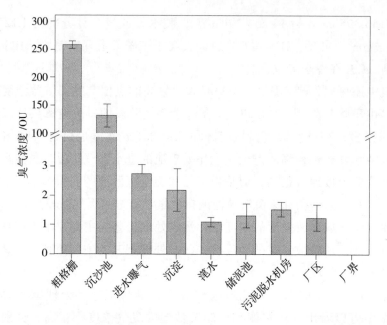

图 4-10　冬季华北地区 SBR 污水处理工艺各处理单元的臭气浓度

　　图 4-11 是春季采样得到的华北地区 SBR 污水处理工艺各处理单元的臭气浓度，从图中可以看出，臭气浓度最高值存在于粗格栅和旋流沉沙池，分别为 115.79 OU 和 62.25 OU，远高于一级标准（10）；进水曝气阶段、沉淀阶段和滗水阶段的臭气浓度逐渐减小，且均低于一级标准的限值；污泥脱水机房、厂界上风向以及厂界下风向的臭气浓度低于仪器检出限。

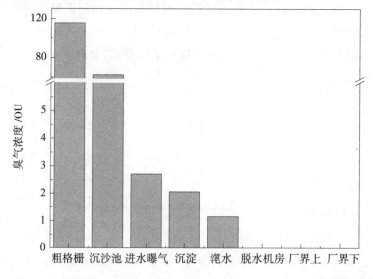

图 4-11　春季华北地区 SBR 污水处理工艺各处理单元的臭气浓度

对比图 4-10 和图 4-11 可以知道，冬季与春季华北地区城市污水处理厂 SBR 污水处理工艺的臭气浓度变化趋势趋于一致，说明粗格栅和旋流沉沙池是该污水处理厂的首要恶臭排放点位，但冬季各处理单元的臭气浓度均高于春季，冬季最高臭气浓度为 258.58 OU（粗格栅），春季最高臭气浓度为 115.79 OU（粗格栅）。

2. 珠江三角洲 SBR 污水处理工艺各处理单元 H_2S、CS_2 和臭气的排放特征

对珠江三角洲 SBR 污水处理工艺中各处理单元的采样数据进行分析发现，H_2S 在各个处理单元的浓度均低于检出限。图 4-12 是珠江三角洲 SBR 工艺各处理单元 CS_2 的浓度，从图中可以看出，在生化池的曝气阶段 CS_2 的浓度最高，为 0.002 3 mg/m^3，在曝气沉沙池、进水阶段、沉淀阶段、滗水阶段、格栅和污泥脱水机房 CS_2 浓度逐渐降低。由于该污水处理厂在进水与曝气阶段存在既进水又曝气的过程，可见 CS_2 浓度最高的三个点位都存在着曝气作用，说明曝气作用会促进水相中的 CS_2 被释放出来。厂界上风向与厂外都存在一定的 CS_2，由于该污水处理厂与居住区相邻，说明外界环境会排放出一定量的 CS_2，在厂界下风向 CS_2 浓度低于检出限，说明经过污水处理厂的脱臭处理，CS_2 并未影响周围的环境质量。将本次检测结果与国标相比，CS_2 浓度均低于一级标准规定的 2.0 mg/m^3。同时，各处理单元的 CS_2 浓度均低于其嗅觉阈值（0.035 52 mg/m^3），这说明 CS_2 不是本次珠江三角洲采样的主要恶臭物质。

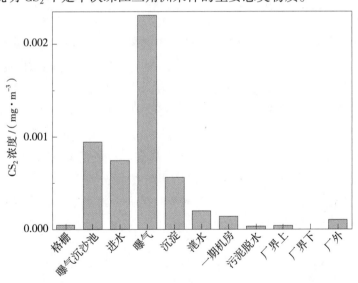

图 4-12　珠三角 SBR 工艺各处理单元 CS_2 的浓度

表 4-8 为珠江三角洲 SBR 污水处理工艺各处理单元 CS_2 的释放通量、排放

总量和吨水排放量。从表中可以知道，CS_2 释放通量最高点位在生化处理池的曝气阶段，为 0.222 mg/（$m^2 \cdot d$），这与 CS_2 的释放浓度最高点位相一致，排放总量与吨水排放量的最大值也都存在于曝气阶段，分别为 10 751.903 mg/d 与 0.195 5 mg/m^3。对于整个污水处理工艺，CS_2 释放通量合计为 0.289 mg/（$m^2 \cdot d$），排放总量合计为 12 678.824 mg/d，吨水排放量合计为 0.230 5 mg/m^3。

表 4-8　珠江三角洲 SBR 污水处理工艺各处理单元 CS_2 的释放通量、排放总量和吨水排放量

采样点	面积 /m^2	释放通量 / (mg · m^{-2} · d^{-1})	排放总量 / (mg · d^{-1})	吨水排放量 / (mg · m^{-3})
格栅	22.5	0.000 4	0.008	0
曝气沉沙池	113.4	0.027	3.105	0.000 1
进水	48 512	0.020	946.923	0.017 2
曝气	48 512	0.222	10 751.903	0.195 5
沉淀	48 512	0.015	722.560	0.013 1
滗水	48 512	0.005	254.325	0.004 6
总计	194 183.9	0.289	12 678.824	0.230 5

图 4-13 是珠江三角洲 SBR 污水处理工艺各处理单元的臭气浓度，从图中可以发现，曝气沉沙池的臭气浓度最大，为 11.57 OU，可能原因是曝气提高了水中溶解氧的含量，促进了微生物对有机物的分解，从而增加了恶臭物质的释放量；进水阶段的臭气浓度为 7.79 OU；格栅的臭气浓度为 2.46 OU，低于曝气沉沙池和进水阶段；曝气、沉淀和滗水阶段的臭气浓度分别为 4.09 OU、2.50 OU 和 4.24 OU。厂区上风向、厂区下风向和厂外的臭气浓度低于检出限。一期大车间中曝气阶段和非曝气阶段的臭气浓度分别为 4.33 OU 和 3.62 OU，两者数据比较接近，可能是因为一期大车间是一个封闭车间，曝气阶段与非曝气阶段交替运行，使两个阶段的恶臭气体相互混合，导致监测结果差别不大。

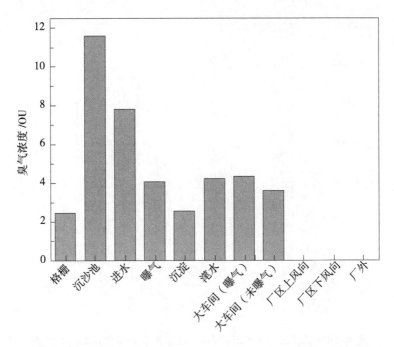

图 4-13　珠江三角洲 SBR 污水处理工艺各处理单元的臭气浓度

3. 长江三角洲 SBR 污水处理工艺各处理单元 H_2S、CS_2 和臭气的排放特征

对长江三角洲 SBR 污水处理工艺各处理单元的采样数据进行分析发现，H_2S 在各个处理单元的浓度均低于检出限。图 4-14 是长江三角洲 SBR 污水处理工艺各处理单元 CS_2 的浓度，从图中可以看出，储泥池中 CS_2 的浓度最高，为 0.010 4 mg/m^3，在曝气沉沙池和曝气阶段，CS_2 浓度为 0.010 3 mg/m^3，这些处理单元的 CS_2 浓度较高的原因可能是曝气与水流的相互作用使水相中的 CS_2 被释放了出来。粗格栅、沉淀阶段、滗水阶段和污泥脱水机房中的 CS_2 浓度为 0.005 1 ~ 0.005 2 mg/m^3，进水阶段、厂界上风向和下风向的 CS_2 浓度低于检出限。将检测结果与国标对比可知，各处理单元中的 CS_2 浓度均低于一级标准限值。同时，各处理单元中的 CS_2 浓度也都低于其嗅觉阈值（0.035 52 mg/m^3），说明 CS_2 不是本次长江三角洲采样的主要恶臭物质。

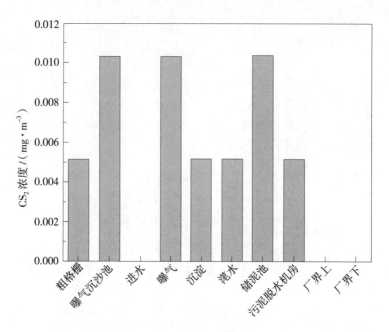

图4-14 长江三角洲 SBR 污水处理工艺各处理单元 CS$_2$ 的浓度

表4-9 为长江三角洲 SBR 污水处理工艺各处理单元 CS$_2$ 的释放通量、排放总量和吨水排放量。从表中可以知道，CS$_2$ 释放通量最高点位在生化处理池的曝气阶段，为 0.990 mg/(m^2·d)，这是由于曝气作用加快了 CS$_2$ 从水相向气相的迁移，排放总量与吨水排放量的最大值也都是在曝气阶段，分别为 1 773.843 mg/d 与 0.032 2 mg/m^3。对于整个污水处理工艺，CS$_2$ 的释放通量合计为 1.898 mg/(m^2·d)，排放总量合计为 2 308.614 mg/d，吨水排放量合计为 0.041 9 mg/m^3。

表4-9 长江三角洲 SBR 工艺各处理单元 CS$_2$ 的释放通量、排放总量和吨水排放量

采样点	面积 /m^2	释放通量 / (mg·m^{-2}·d^{-1})	排放总量 / (mg·d^{-1})	吨水排放量 / (mg·m^{-3})
粗格栅	50	0.045	0.231	0.000 1
曝气沉沙池	112	0.272	30.508	0.000 6
进水	1 792	—	—	—
曝气	1 792	0.990	1 773.843	0.032 2
沉淀	1 792	0.136	244.412	0.004 4
滗水	1 792	0.137	245.155	0.004 4

采样点	面积 /m²	释放通量 / (mg·m⁻²·d⁻¹)	排放总量 / (mg·d⁻¹)	吨水排放量 / (mg·m⁻³)
储泥池	28	0.274	7.688	0.000 1
污泥脱水机房	152	0.044	6.777	0.000 1
总计	7 510	1.898	2 308.614	0.041 9

注：—表示未检出。

对比华北地区、珠江三角洲和长江三角洲的采样结果可以发现，华北地区释放通量很高的 H_2S 在珠江三角洲和长江三角洲并未被检出，可见这三个地区的污染情况不一样。华北地区冬季、华北地区春季、珠江三角洲和长江三角洲 CS_2 的释放通量均在曝气阶段最高，其值分别为 0.247 mg/（m²·d）、1.063 mg/（m²·d）、0.222 mg/（m²·d）和 0.990 mg/（m²·d），并且 CS_2 的吨水排放量也都以曝气阶段为主，其值分别为 0.059 mg/m³、0.252 mg/m³、0.195 5 mg/m³ 和 0.032 2 mg/m³。这说明无论从 CS_2 的释放强度考虑，还是从 CS_2 的释放总量考虑，华北地区、珠江三角洲和长江三角洲 CS_2 的排放规律具有一致性。从整个污水处理工艺总的 CS_2 吨水排放量上看，华北地区春季＞珠江三角洲＞华北地区冬季＞长江三角洲。

图 4-15 是长江三角洲 SBR 污水处理工艺各处理单元的臭气浓度，从图中可以发现，本次采样各处理单元的臭气浓度均很低，远小于 10，其中粗格栅的臭气浓度最大，为 3.01 OU，进水阶段、曝气阶段和沉淀阶段的臭气浓度分别为 1.35 OU、1.05 OU 和 1.01 OU，厂界上风向监测的臭气浓度为 2.65 OU，说明外界环境产生了部分恶臭物质，曝气沉沙池、滗水阶段、污泥脱水机房和厂界下风向的臭气浓度低于检出限，说明污水厂并未向外界释放恶臭物质。

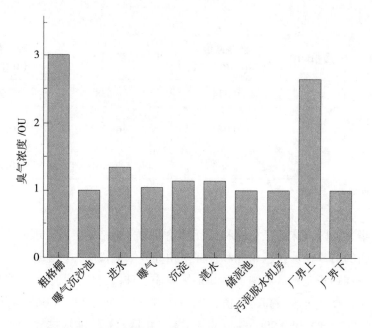

图 4-15　长江三角洲 SBR 工艺各处理单元的臭气浓度

对比华北地区、珠江三角洲和长江三角洲的臭气浓度可以发现，臭气浓度的最大排放点位并不相同，华北地区和长江三角洲为粗格栅，而珠江三角洲为曝气沉沙池；华北地区的最大臭气浓度远高于珠江三角洲和长江三角洲，华北地区的最大臭气浓度为 258.58 OU，而珠江三角洲和长江三角洲的最大臭气浓度分别为 11.57 OU 和 3.01 OU，说明华北地区污水处理厂恶臭污染状况比珠江三角洲和长江三角洲严重，一方面可能因为地域差异导致进水水质参数不同，从而使臭气浓度也有一定的差别；另一方面可能和除臭设施存在一定关系。

（三）城市污水处理厂 H_2S 和臭气控制技术对策研究

1. 城市污水处理厂 H_2S 和臭气浓度的关键点位分析

本节对华北地区、珠江三角洲和长江三角洲典型处理工艺 SBR 下 H_2S、CS_2 与臭气浓度进行了监测研究。通过对 H_2S 和 CS_2 的排放浓度、释放通量、排放总量和吨水排放量的分析及对臭气浓度的分析，确定了 H_2S、CS_2 和臭气在华北地区、珠江三角洲和长江三角洲不同处理工艺中的主要产生点位。对不同地区不同处理工艺中的 CS_2 排放浓度进行分析发现，除个别点位 CS_2 的排放浓度高于其嗅觉阈值（低于一级标准）外，其他排放单元的 CS_2 浓度均低于其嗅觉阈值，表明 CS_2 不是主要的恶臭污染源。

2. 城市污水处理厂 H_2S 和臭气的现场监测技术

对城市污水处理工艺中 H_2S 和臭气浓度关键控制点位进行确定，可以有针对性地对这些关键点位进行实时监测或者日常监测，当发生事故时还可进行临时检测，以便及时了解现场状况，当突发事件来临时，有助于合理做出部署和制定处理方案。本节主要介绍采用城市污水处理工艺进行 H_2S 和臭气浓度现场监测的技术。

由于 H_2S 排放浓度高的点位主要在格栅、沉沙池和曝气区，因此可以在这些构筑物上安装硫化氢检测仪器，以便对 H_2S 的浓度进行监测。目前，硫化氢检测仪器通常采用传感器法进行分析，传感器一般为电化学传感器，其原理是利用传感器对 H_2S 气体的响应分析现场 H_2S 气体的浓度，当 H_2S 通过检测仪中的电解池时会在电极上发生氧化还原反应，传感器便会输出电流，H_2S 的浓度越高，电流就会越强，电流信号经过仪器处理后会以数字形式呈现出来。根据使用条件的不同，硫化氢检测仪器可以分为固定式和便携式两种，对现场的 H_2S 浓度实时监测可以选用固定式，如 DR70C–H_2S。该仪器检测范围为 $0 \sim 100$ ppm，分辨率 0.01 ppm，传感器的使用寿命通常为 $2 \sim 3$ 年；对 H_2S 进行常规检测和临时检测则可以采用便携式，如 Interscan 4170。该仪器的分辨率为 0.01 ppm 时，其检测范围为 $0 \sim 19.99$ ppm。

臭气浓度高的点位主要位于格栅、沉沙池、曝气单元和污泥脱水机房，可以在这些构筑物上安装在线恶臭电子鼻实时监测臭气浓度，将程序设定好后，在线恶臭电子鼻可自动对数据进行保存和处理，该仪器可以对臭气浓度进行 24 h 监测。

在线恶臭电子鼻主要包括气象监测仪、抽气泵、过滤系统、传感器、数据处理系统以及数据传输系统。气象监测仪可以对构筑物处的风速、风向和温度等气象数据进行实时监测；抽气泵可以将监测现场的臭气抽入仪器中以便对臭气进行检测分析；过滤系统用来对抽入仪器中的臭气预处理，把附着在臭气中的水分和灰土处理掉，这样不仅可以保护传感器，延长传感器的使用寿命，还可以保证监测数据的准确性；传感器可以对臭气中的各种气味成分进行响应分析；数据处理系统可以将传感器的响应值转变为臭气浓度；数据传输系统则可以在显示屏上显示当前的臭气浓度。该恶臭监测仪的工作原理是将同一个气体样品分别用三点比较式臭袋法和电子鼻进行检测，这样便可以得到两种方法的实验数据，利用偏最小二乘法可以对这两种数据进行拟合，得到标准曲线，从而可以将电子鼻的信号换算为我们所需要的臭气浓度[①]。但是，我国尚无在线恶臭监测仪器的相关规定和标准；目前在线监测仪器基本依赖进口，仪器使用成本很高；在线监测仪器长时间处于连续工作状态，标准曲线的稳定性无法保证，会在一定程度上影响监测数据[②]。目前，在线恶臭监测仪有 Smart Odor Catch 系统，其检测范围为 $1 \sim 1\,000\,OU$，分辨率为 $1\,OU$。

3. 城市污水处理厂恶臭气体的处理方案

城市污水处理厂恶臭气体的处理包括 H_2S 和臭气浓度主要排放构筑物的密封处理和密封后的臭气收集处理。针对应控制的构筑物的大小不同，有必要对这些构筑物分别设计不同的密封方式，一方面对构筑物采取合理的密封方案可减少不同构筑物的占地面积，优化设计尺寸，减少构筑物的建设费用；另一方面根据构筑物大小的不同选择不同的绿化方式，对厂区的美化与空气净化有很大意义。

由于是在已建构筑物的基础上进行加盖处理，因此除了需要考虑施工期间对污水处理厂的日常运行的影响，还需要考虑密封方式是否会影响到已建构筑物的承重负荷。结合常见的加盖结构形式与确定的关键点位，表 4-10 列出了不同构筑物的密封方式。

表 4-10 不同构筑物的密封方式

构筑物	密封方式	优 点	缺 点
格栅	轻型骨架上覆阳光板	占地面积小、检修方便	基建造价高
	钢筋混凝土顶板加盖	抗腐蚀、施工方便、土建成本低	占地面积大
沉沙池	钢筋混凝土顶板加盖	土建成本低、运行费用低	立模和填筑等费时
	轻型骨架上覆阳光板	占地面积小、耐老化	造价高
初沉池	钢筋混凝土顶板加盖	抗腐蚀、施工方便	跨度过大要设置支撑柱，基建费用上升
	轻型骨架阳光板加盖	透光、加工方便、耐老化	造价高

---

① 刘甜巧，许建光，黑亮 . 在线恶臭电子鼻在臭气浓度监测中的应用 [J]. 环境科学导刊，2012(6): 127-130.

② 张旭东，夏旭彬 . 深圳市生活垃圾处理设施恶臭在线监测系统的建设与应用 [J]. 环境与可持续发展，2015, 40(6): 71-73.

续　表

构筑物	密封方式	优　点	缺　点
厌氧池	钢筋混凝土结构直接加盖	池顶可用于土壤除臭和绿化设计，管理方便	跨度过大要设置支撑柱
	轻型骨架阳光板加盖	检修方便	造价比较高
好氧池	混凝土结构结合夹丝玻璃顶盖	土建造价较低，新建工程比较适用	跨度过大要设置支撑柱，基建费用上升
	钢支撑反吊氟碳纤膜结构加盖	耐腐蚀、寿命长、自重轻，改建工程更适用	造价高
	钢筋混凝土直接加盖	适用于直径不到12 m的池体	结构自重较大
污泥浓缩池	钢筋混凝土结合玻璃	适用于直径较大的池体	容易出现老化现象
	钢支撑反吊氟碳纤膜结构加盖	适用于直径很大的池体	造价高

　　要减少臭气收集量，需要合理设计加盖密封方案以缩小主要恶臭排放点位空间，收集臭气是为了将臭气排放源的无组织排放改变为有组织排放。所以，对 H_2S 和臭气浓度的关键排放点位进行加盖处理后，可以根据构筑物加盖方式的不同，在各个构筑物合适的地方设置臭气输送管道，对臭气统一收集，一般选用纤维缠绕玻璃钢、PP 或 PVC 等耐腐蚀有机合成管道，其中玻璃钢管道具有质量轻、强度高、抗腐蚀、运行维护成本低、使用寿命长等特点。为了降低建设成本，管道应尽量采用架空铺设。对臭气收集量的计算可确定合适的抽风机和收集管道规格，通过抽风机的持续抽风，可以维持管道内的负压状态，从而可以将构筑物内部的臭气集中收集。

第二节　环境监测中工业废水处理系统研究

一、工业废水概述

（一）工业废水的分类

　　区分工业废水的种类，了解其性质和危害，有助于有针对性地研究处理措施。工业废水一般有以下几种分类方法。

1.按照行业产品加工对象分类

按照行业产品加工对象，工业废水可分为冶金废水、造纸废水、炼焦废水、金属酸洗废水、纺织印染废水、制革废水、农药废水、化纤废水等。

2.按照工业废水中所含主要污染物的性质分类

按照工业废水中所含主要污染物的性质，工业废水可分为无机废水和有机废水。无机废水中主要含有重金属盐类，如 Pb^{2+}、Cd^{2+}、Cr^{6+}、Fe^{2+}、Hg^{2+}，或含有高浓度阴离子，如 F^-、AsO_4^{3-}、CN^-、Cl^-、SO_4^{2-} 等。有机废水中主要含有机物，包括可降解和不可降解两类。这种分类方法简单，有利于选择相应的处理方法。例如，可生物降解的有机废水可以采用生物工艺处理，无机废水则一般采用物理、化学等工艺处理。当然，一般工业废水中同时存在有机污染物和无机污染物，这就需要确定哪种污染物是主要的，是需要去除的。

3.按工业废水所含污染物主要成分分类

按工业废水所含污染物的主要成分，工业废水可分为酸性废水、碱性废水、含酚废水、含铬废水、放射性废水等。这种分类方法的优点是突出了废水中主要污染物成分，可针对性地考虑处理方法或进行回收利用。将高浓度污染物回收后，再进一步采用普通的处理工艺对出水进行综合处理，如焦化废水，通过萃取回收酚后，出水再采用生化工艺去除 COD_{Cr} 和氮。

4.按工业废水的危害性及处理难易程度分类

除了上述分类方法外，还可以根据工业废水的危害性及处理难易程度，将工业废水分为三类。

（1）危害性较小的废水，如生产中排放的冷却水等，主要含有较高浓度的盐、阻垢剂，而且温度较高，对环境的毒害性不大，经过除盐、pH调节和降温，即可排放。

（2）易生物降解无明显生态毒性的废水，可以采用生化工艺处理，如酒精废水、食品加工废水。

（3）难生物降解又有生态毒性的废水，如印染废水中偶氮染料具有较强的致癌性，难以生物降解，还有含酚废水、电镀废水等。

针对一种废水选择处理方案时，首先要了解废水中污染物的种类、浓度、性质。对于印染废水，不同批次的原料，采用的染料、涂料、助剂都是千差万别的，因此进行废水处理时，必须详细了解废水的产生过程，即工厂的生产工艺，明确污染物的数量、浓度、性质，只有这样才能有针对性地选择有效的处理工艺。

（二）工业废水对环境的污染

未经达标处理的污水排入水体后，会污染地表水、地下水，甚至土壤（含重金属等的废水）和大气（含挥发性污染物氨氮、硫化氢、酚等的废水）。水体、大气、土壤受到污染后，很难在短时间内恢复到原有的环境水平。几乎所有的物质排入水体后都有产生污染的可能性，虽然它们的污染程度有所差别，但一旦超过某一浓度均会产生危害。下面分别举例说明。

1. 含无毒物质的有机废水或无机废水

有些污染物虽然本身无毒性，但超过一定浓度和数量后会对环境造成危害。例如，当蛋白质、淀粉等有机物的排放浓度超过一定值后，其在天然水体中被生物降解会消耗大量的溶解氧，这将造成水体厌氧环境，产生腐败现象，从而破坏水体的生态平衡；高浓度的盐类，如 $NaCl$、$MgSO_4$ 等，在天然水体中会造成很高的渗透压，导致水体中水生动植物脱水死亡，破坏生态平衡。

2. 含有毒物质的有机废水或无机废水

这些有毒物质被排入水体后，不仅会造成水生动植物的急性死亡，还会通过水生动植物的生物富集作用，在食物链中逐渐传递并累积，造成长期的危害。

3. 不溶性悬浮物废水

不溶性悬浮物废水包含造纸废水（含有大量纤维）、选矿废水、采石废水、洗煤废水等。这些污染物会减少水体的采光性和复氧能力，导致水生生物的死亡和腐烂。

4. 含油废水

含油废水主要源于海上石油开采和石油水上运输过程中的泄漏。

5. 高温废水

热污染是一种能量污染，它是由工矿企业向水体排放高温废水造成的。一些热电厂及各种工业过程排放的冷却水，若不采取措施，直接排放到水体中，均可使水温升高，加快水中化学反应、生化反应的速度，使某些有毒物质（如氰化物、重金属离子等）的毒性提高，溶解氧减少，影响鱼类的生存和繁殖，加速某些细菌的繁殖，助长水草丛生，厌气发酵、发臭。

鱼类生长都有一个最佳的水温区间。水温过高或过低都不适合鱼类生长，甚至会导致其死亡。不同鱼类对水温的适应性也是不同的。例如，热带鱼适合 15 ～ 32 ℃，温带鱼适合 10 ～ 22 ℃，寒带鱼适合 2 ～ 10 ℃。又如，鳟鱼虽在 24 ℃的水中生活，但其繁殖温度则要低于 14 ℃。一般水生生物能生活的水温上限是 33 ～ 35 ℃。

6.氮、磷工业废水

氮、磷工业废水可造成水体富营养化。

7.酸碱废水

酸碱废水可破坏水体的酸碱平衡，腐蚀水坝、船体、管道等设备。

8.放射性废水

放射性物质长期存在于水体或被生物菌集起来，直至自然衰减，可导致生物不可预知的基因突变。

9.生物污染

在水中存在的微生物可分为两大类：植物和动物。植物又可分为藻类（内含叶绿体）和菌类（一般不含叶绿体）两种。菌类分为真菌和细菌，如单细胞的酵母菌和多细胞的毒菌，均属真菌类，同样细菌也有单细胞和多细胞之分。动物可分为单细胞的原生动物和多细胞的微型动物，如轮虫、线虫、甲壳虫等。引起水体污染的微生物主要是致病细菌和病毒，当然藻类过多地繁殖也会造成水体富营养化。

工业废水中的污染物及其来源如表 4-11 所示。

表 4-11　工业废水中污染物及其来源

污染物	主要来源
游离氯	氯碱厂、造纸厂、石油化工厂、漂洗车间
氨及铵盐	煤气厂、氮肥厂、化工厂、炼焦厂
镉及其化合物	颜料厂、石油化工厂、有色金属冶炼厂
铅及其化合物	颜料厂、冶炼厂、蓄电池厂、烷基铅厂、制革厂
砷及其化合物	农药使用过程、农药厂、氮肥厂、制药厂、皮毛厂、染料厂
汞及其化合物	氯碱厂、石油化工厂（氯乙烯、乙醛）、农药厂、炸药厂、汞矿厂
铬及其化合物	颜料厂、石油化工厂、铁合金厂、皮革厂、制药厂、陶瓷厂、玻璃厂、电镀厂
酸类	三酸工业、石油化工厂、合成材料厂、矿山、钢铁厂、金属酸洗车间、电镀厂、染料厂
氟化物	磷肥厂、氟化盐厂、塑料厂、玻璃制品制造厂、矿山
氰化物	煤气厂、有机玻璃厂、黄血盐生产厂、电镀厂

续　表

污染物	主要来源
苯酚及其他酚类	煤气厂、石油裂解厂、合成苯酚厂、合成染料厂、合成纤维厂、酚醛塑料厂、合成树脂厂、制药厂、农药厂
有机氯化物	农药厂、农药使用过程中、塑料厂
有机磷化物	农药厂、农药使用过程中
醛类	合成树脂厂、青霉素药厂、合成橡胶厂、合成纤维厂
硫化物	硫化染料厂、煤气厂、石油化工厂
硝基及氨基化合物	化工厂、染料厂、炸药厂、石油化工厂
油类	石油化工厂、纺织厂、食品厂
铜化合物	石油化工厂、试剂厂、矿山
放射性物质	原子能工业、放射性同位素实验室、医院
热污染	工矿企业的冷却水、发电厂
生物污染	制药厂、屠宰场、医院、养老院、生物研究所、天然水体
碱类	氯碱厂、纯碱厂、石油化工厂、化纤厂

典型工业废水的主要化学成分如表4–12所示。

表 4-12　典型工业废水的主要化学成分

废水来源	pH	NH₃-N/ (mg·L⁻¹)	COD_Cr/ (mg·L⁻¹)	BOD₅/ (mg·L⁻¹)	SS/ (mg·L⁻¹)	油或砷/ (mg·L⁻¹)	酚/ (mg·L⁻¹)	氰化物/ (mg·L⁻¹)	硫化物/ (mg·L⁻¹)
石油化工厂	7～8	—	—	200～250	50～250	油 300～41 500	—	—	100～200
油页岩厂	7.5～8.7	1 780～1 840	5 700～7 000	—	60～1 500	油 200～1 430	200～260	0.2～0.9	450～500
煤气厂	6～9	2 000～3 000	—	—	200～400	—	500～700	15～30	50～100
焦化厂	8～9	1 634～1 968	5 245～7 778	1 420～2 070	46～58	—	930～1 690	1.5～3.0	5.4
制革厂	6～12	—	—	220～2 250	70～13 700	—	—	—	—
造纸厂	8.8～10.2	0.5～2.1	2 077～2 767	—	634～1 528	—	—	—	—
印染厂	9～12	7.7	1 100	350	145	—	—	—	7.4
酸性化纤废水	2.2	—	108	50	63	—	—	—	—
氮肥厂	6.5～7.5	—	—	—	-200～320	砷 0.1～0.8	—	—	—
屠宰场	7.8	90	—	1 707	—	—	—	—	—

二、工业废水处理方法及污染物形态

（一）废水处理方法

废水处理指采用各种方法将废水中所含有的污染物质分离出来，或将其转化为无害和稳定的物质，从而使废水得以净化。

工业废水处理方法可分为物理方法、化学方法、物理化学法和生物法四大类。

1.物理方法

物理方法是采用物理原理和方法，去除废水中污染物的废水处理方法。物理方法通过物理作用和机械分离回收废水中不溶解的悬浮物质，在处理过程中不改变其化学性质。物理方法操作简单、经济。

2.化学方法

化学方法是利用化学原理和方法，去除废水中污染物的废水处理方法。化学方法通过化学反应分离、回收废水中的溶解物质或胶体物质，可以去除废水中的金属离子、细小的胶体有机物、无机物、富营养化物质、乳化油、色度、臭味、酸碱等，对废水的深度处理也有着重要的作用。

3.物理化学法

物理化学法是利用相转移或物质的表面作用力等方法分离或回收废水中污染物的废水处理方法。

4.生物法

生物法是利用微生物的代谢作用分解废水中污染物的废水处理方法。微生物的新陈代谢可以降解废水中呈溶解或胶体状态的污染物，使其转化为无害物质，使污水得以净化。

（二）废水中污染物形态分类

在废水中，污染物有四种存在形式。

1.污染物溶解的真溶液

污染物以分子或离子形态均匀地分散在废水中，如苯酚废水、氨氮废水、电镀废水、冶炼行业的酸洗废水等。这种污染物的粒径一般小于 1 nm，需要采用化学方法（如氧化还原方法、加入沉淀剂进行沉淀等）、物理化学方法（如吸附等）或生物法（活性污泥、生物滤池等）处理。

2.胶体

它的粒径为 1～100 nm，在废水中形成胶体分散体系，污染物颗粒稳定地分散在废水中，不会出现连续下沉运动。

胶体颗粒具有布朗运动的特性，带有同号电荷，具有强烈的吸附性能和水化作用。胶体的稳定性可以从胶团的结构（图4-16）中得到解释。

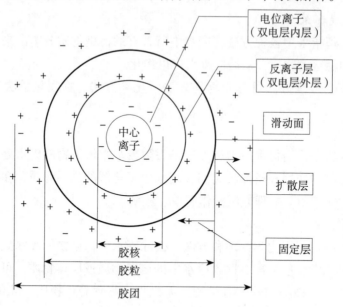

图 4-16　胶团结构示意图

胶体由胶团组成，胶团包括以下部分。

（1）胶核

胶核即胶体的中心离子。一般将组成胶粒核心部分的固态微粒称为胶核。胶核由数百乃至数千个分散相固体物质分子组成。例如，用稀 $AgNO_3$ 溶液和 KI 溶液制备 AgI 溶胶时，由反应生成的 AgI 微粒首先形成胶核。天然水体中的黏土类微粒以及污水中的胶态蛋白质和淀粉微粒等都带有负电荷。

（2）电位离子

在胶核表面选择性地吸附了一层同号电荷的离子，这些离子可以由胶核表层分子直接电离产生，亦可以从水中选择吸附 H^+ 或 OH^- 形成，它们决定了胶粒的电荷多少和符号，构成了双电层的内层。

（3）反离子层

为维持胶体离子的电中性，在电位离子层外吸附电量与电位离子总电量相同、电性相反的离子形成了反离子层。电位离子层与反离子层构成了胶体粒子的双电层结构。其中，电位离子构成了双电层的内层，其所带的电荷被称为胶体粒子的表面电荷，其电性和荷电量决定了双电层总电位的符号和大小。在反离子层中，靠近电位离子层的反离子被电位离子牢牢地吸引着，当胶核运动时，它亦随着一起运动，被称为反离子吸附层，并和电位离子组成胶团固定层。胶团固定层以外的反离子由于受到电位离子的吸引力较弱，不随胶粒一起运动，并有向水中扩散的趋势，被称为反离子扩散层，胶团固定层和胶团扩散层之间的交界被称为滑动面。

（4）胶粒

滑动面以内的部分被称为胶粒，它是带电的微粒。

（5）胶团

胶粒和扩散层组成了电中性的胶团。

胶体稳定性主要取决于两个方面：静电斥力和胶体的溶剂化作用。

（1）静电斥力

在胶团运动时，反离子扩散层中的大部分反离子会脱离胶团，向溶液主体扩散，这样就使胶粒产生剩余电荷，胶粒与扩散层之间形成一个电位差，这个电位差被称为 ζ 电位，为胶体的电动电位。胶核表面的电位离子与溶液主体之间，由于表面电荷存在所产生的电位差被称为总电位或 φ 电位。

φ 电位对某类胶体而言，是固定不变的，它无法被测出，也不具备现实意义；ζ 电位可通过电泳或电渗计算得出，它随 pH、温度及溶液中反离子浓度等外部条件变化而变化。

根据电学的基本定律，可导出 ζ 电位的表达式：

$$\zeta = \frac{4\pi q \delta}{\varepsilon}$$

式中：q 为胶粒的电动电荷密度，即胶粒表面与溶液主体间的电荷差；δ 为反离子扩散层的厚度，单位为 cm；ε 为水的介电常数，其值随水温升高而减小。

可见，当胶粒的电动电荷密度和水温一定时，ζ 电位取决于反离子扩散层厚度 δ，δ 值越大，失去的反离子越多，ζ 电位也就越高，胶粒间的静电斥力就越大。ζ 电位引起的静电斥力阻止了胶粒之间的相互接近和接触，并使胶粒在水分子的无规则撞击下，做布朗运动，使胶粒长期稳定地分散在水中。因此，ζ 电位越高，胶体的稳定性就越高。

（2）胶体的溶剂化作用

胶团表面将极性水分子吸附到它的周围，形成一种水化膜，使反离子扩散层增厚，同样能阻止胶粒之间的相互接触，增强了胶团的稳定性。

根据静电斥力产生的原理，投加无机盐可实现胶体脱稳。投加无机盐使溶液主体中离子强度增大，新加入的反离子与反离子扩散层原有反离子之间的静电斥力把反离子扩散层中原有的部分反离子挤压到反离子吸附层中，增大了反离子吸附层电荷密度，从而使扩散层内反离子减少，ζ 电位相应降低。

对于以相对密度接近或大于 1 的胶体形态存在的污染物，如含有高分子有机物的生产废水，常采用物理化学方法（絮凝、混凝）或加入电解质使污染物去溶剂化，从而达到胶体失稳的目的，将污染物从水中分离出来；对于相对密度小于 1 的污染物，则采用混凝气浮方法处理，如乳化油废水、毛纺工业的洗毛污水等。

废水中粒度大于 100 nm 且相对密度大于 1 的污染物颗粒可以在重力作用下沉降，从而从废水中得以去除，这种处理方法被称为重力沉降法。沉降是一种采用物理作用进行固液分离的方法，其利用的是悬浮颗粒和水的密度差。

粒度大于 100 nm 且相对密度小于 1 的污染物颗粒会在浮力的作用下上升，可以采用上浮或气浮的方法去除。

三、工业废水优化处理实例——以某工业园区工业废水处理厂为例

（一）概述

1. 某工业园区工业废水处理厂介绍

某工业园区工业废水处理厂位于华东地区的太湖流域，占地 9.59 km²，设计规模为 24 000 t/d，循环再生利用中水处理规模为 12 000 t/d，目前主要接纳该地区电子液晶显示企业排放的高浓度电子工业污水。

根据来源水质、水量及污染物种类，废水被分为有机废水、含氟废水、酸碱废水三类。

（1）有机废水主要是阵列清洗工序、阵列光刻工序、阵列剥离工序等电子工艺产生的污水，其中污染物主要为 RGB 染料、TMAH、PGMEA、线型酚醛树脂、季铵盐、乙酸丁酯、丙二醇甲醚丙酸酯等。

（2）含氟废水主要包含废气洗涤塔、阵列湿法刻蚀工序等产生的污水，其中污染物主要为磷酸盐、硝酸盐、氟化物等。

（3）酸碱废水主要包含 RO 浓缩污水、酸碱性污水和系统冷却水，其中污染物主要为酸碱、盐类、阻垢剂等。

2. 废水处理工艺流程

为使这三类废水达标处理，需要采用不同工艺组合技术对废水进行分质处

理。三类原水进水的悬浮颗粒物浓度很低，无须设置格栅和沉沙池等处理设备和处理设施。但需要设置调节池，调节水量、均衡水质，保证后续物化处理设施和生化处理设施的平稳运行。

工业废水处理厂以"异核结晶技术和混凝沉淀技术组合 + 水解酸化厌氧池 + 一级 A/O+ 二级 A/O + MBR + 活性炭过滤 + RO 膜装置"工艺组合进行三类废水的分质处理，其中流程如图 4-17 所示。

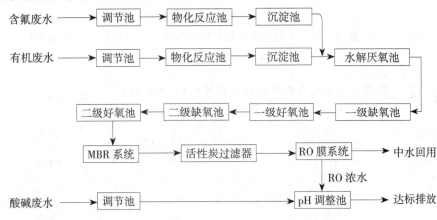

图 4-17　某园区电子工业废水处理厂流程图

三类废水的各主体处理工艺介绍如下。

（1）含氟废水

含氟废水的主要污染物为氟化物、磷酸盐等。为符合中水回用标准，采用异核结晶技术和混凝沉淀技术的组合工艺，投加钙盐、混凝剂等化学药剂去除氟化物、磷酸盐等。随后含氟废水与经过预处理的有机废水混合进行生化处理。

氟化物和磷酸盐可以采用化学反应生成钙盐沉淀去除。由于 $Ca(OH)_2$ 的溶解度不高，约只有 $CaCl_2$ 的 20%，且容易引起管道的堵塞和设备的结垢，因此工业废水处理厂采用 $CaCl_2$ 作为沉淀剂。其化学反应过程如下：

$$2HF + CaCl_2 \longrightarrow CaF_2 \downarrow + 2HCl \ (pH > 8)$$
$$CaF_2(S) + 混凝土 \longrightarrow CaF_2 \ (\downarrow)$$
$$5Ca^{2+} + 3PO_4^{3-} + OH^- \longrightarrow Ca_5(PO_4)_3OH \downarrow \ (pH > 8.5)$$
$$Fe^{3+} + PO_4^{3-} \longrightarrow FePO_4 \downarrow \ (pH > 5)$$
$$Cu^{2+} + 2OH^- \longrightarrow Cu(OH)_2 \downarrow (pH > 8)$$

此外，在混凝沉淀池选择上，因考虑到工业废水处理厂现场场地及运行要求，应选择沉淀效果好、占地面积小、配置有带有刮泥设备的斜板高效澄清器的池型。根据相关研究和工程实践，此类工艺与常规工艺相比，药剂投加量可减少 30% 以上，污泥产生量可减少 40% 以上[①]。

（2）有机废水

有机废水通过 pH 调整处理后，与含氟废水一起进入生化处理工段。根据有机废水和预处理后的含氟废水的水量和水质，得出综合废水的进水水质，评估出各污染物的处理率，如表 4-13 所示。

表 4-13　某园区电子工业废水处理厂综合废水（有机废水 + 含氟废水）主要污染物去除率

项　目	处理前（含氟有机废水加权计算所得）/(mg·L⁻¹)	处理后（中水标准)/(mg·L⁻¹)	污染物去除率 / %
BOD_5	648.8	6	99.02
COD_{cr}	1 565.2	30	98.08
NH_4-N	53.6	1.5	97.20
TN	83.7	1.5	98.21
TP	6.11	0.3	95.09
氟化物	25.04	1.5	94.01

综合废水中大分子有机物较多，难以被好氧微生物直接分解利用，需要水解酸化分解大分子有机物，然后用 A/O 工艺进行生物脱氮。为提高废水的脱氮效率，采用了两级 A/O 工艺。采用 MBR 以更好地截留微生物、SS、N、P 等物质。

利用活性炭过滤 +RO 技术，有效截留所有溶解盐及分子量大于 100 的有机物，脱盐率大于 98%。主要去除水中的重金属、病毒以及降低水中的溶解性总固体（TDS）和硬度（TH）等。可去除 100% 的病毒和 99% 以上的溶解性总固体，满足生产用水对碳氮磷去除率的要求，达到中水回用的标准。

（3）酸碱废水

调节池调节水量和水质，随后酸碱中和，排放至城市市政污水管道，进入城市污水处理厂达标处理。

---

① 于鲲，张海军，李锦生. 混凝沉淀 + 水解酸化 +BardenpHo+MBR+RO 组合工艺处理 TFT-LCD 生产废水 [J]. 给水排水，2017, 53(3): 68–73.

（二）试验材料与方法

1.试验装置

生化系统的耐氟试验采用有效容积为 1 L 的 SBR 装置，充水比 1/3，运行周期 24 h，进水 1.5 h、曝气 12 h、缺氧搅拌 8 h、沉淀 1.5 h、排水排泥 1 h。

含氟废水的除氟试验采用烧杯试验。生化系统脱氮试验所用的小试装置如图 4-18 所示，为两级 A/O+MBR 工艺。污泥外回流比为 4Q，内回流比为 2Q，泥龄控制在 22 d 左右。

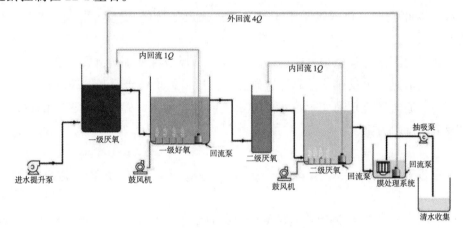

图 4-18　生化试验装置图

实际废水处理工艺的优化试验利用废水处理厂实际构筑物进行。

2.试验用水与污泥

生化耐氟试验采用人工配水方式：在含有 COD（1 500 mg/L）、氨氮（70 mg/L）、总磷（2 mg/L）的水中，分别投加氟化钠配制 F^- 浓度为 10 mg/L、20 mg/L、100 mg/L 三种含氟废水。

生化小试试验用水为实际工业废水，试验期间含氟废水的 F^- 浓度为 263 ～ 430 mg/L，有机废水的 COD 为 750 ～ 1 500 mg/L，氨氮 35 ～ 70 mg/L，总磷 1 ～ 2 mg/L。

除氟试验为人工配水，其为 F^- 浓度为 120 mg/L 的废水。生化小试试验所用的污泥取自工业废水处理厂。

3.试验方法

（1）不抑制生化系统的含氟废水除氟工艺条件研究。

①确定生化系统对 F^- 的耐受浓度，以确定含氟废水的除氟目标。在有机废水中投加不同剂量的氟化钠，配制 F^- 浓度分别为 10 mg/L、20 mg/L、100 mg/L

三种不同废水，考察其对生化系统的脱氮效果，确定生化系统的最大耐氟浓度与运行最经济浓度，为生化系统的有机废水／含氟废水的进水比提供参考依据。

②确定含氟废水的除氟工艺条件。考察 $CaCl_2$、$CaCl_2$+PAC、$CaCl_2$+PAM 的投加量，pH 等对含氟废水的处理效果，确定最佳药剂投加量。

（2）研究提高生化系统脱氮效能的措施。

①调查生化阶段含氟废水与有机废水的最佳进水比例。根据生化系统耐氟性测试结果，调配含氟废水与有机废水的比为 1∶2、1∶1.46、1∶1.4 的废水，以此进行生化脱氮系统小试试验，确定最佳进水比与可接受进水比的范围。

②对比不同外加碳源及碳源补充方式，选择最优外加碳源及补充方式。以甲醇、乙酸钠作为反硝化的碳源，研究工艺所需的最佳碳源和碳源的投加比。

（3）通过实施现有实际废水处理工艺的优化策略，确定实际工艺的运行策略及节能降耗方案。

4.检测指标与方法

根据试验方法及试验内容，所需要的指标有 pH、氨氮、总氮、COD、F^- 等。

COD 测定方法：采用哈西试剂管对试验废水进行消解，并通过配套的哈西分光光度计进行测量。

pH 测定方法：采用 pH 计直接测量。

F^- 测定方法：采用离子选择电极法。详见《水质 氟化物的测定 离子选择电极法》（GB 7484—87）。

BOD_5 测定方法：采用稀释与接种法。详见《水质 五日生化需氧量（BOD_5）的测定 稀释与接种法》（HJ 505—2009）。

NH_4^+-N 测定方法：采用纳氏试剂分光光度法测定。该方法原理是以游离态的氨或铵离子等形式存在的氨氮与纳氏试剂反应生成淡红棕色络合物，该络合物的吸光度与氨氮含量成正比，于波长 420 nm 处测量吸光度。

干扰消除方法如下：水样中含有悬浮物、余氯、钙镁等金属离子，硫化物和有机物时会对测定产生干扰，因此含有此类物质时要做适当处理，以消除对测定的影响。若样品中存在余氯可加入适量的硫代硫酸钠溶液去除，用淀粉碘化钾试纸检验余氯是否除尽。在显色时加入适量的酒石酸钾钠溶液可消除钙镁等金属离子的干扰。若水样混浊或有颜色时可用预蒸馏法或絮凝沉淀法处理。详见《水质 氨氮的测定 纳氏试剂分光光度法》（HJ 535—2009）。

TN 测定方法：采用碱性过硫酸钾消解紫外分光光度法。详见《水质　总氮的测定　碱性过硫酸钾消解紫外分光光度法》（HJ 636—2012）。

根据试验方法及试验内容，需要使用仪器如表 4-14 所示。

表 4-14　试验器材一览表

设备名称	设备作用
六联搅拌机	搅拌
紫外分光光度计	检测氨氮、总氮
溶氧测定仪	检测 BOD_5
HACH（DR2800）	检测 COD
HACH（D200）	消解 COD
pH 计	检测 pH
F^- 离子计	检测 F^- 浓度
烘箱	烘干

（三）生化系统耐氟性及除氟试验

1. 生化系统耐氟性试验

2017 年 1—4 月进行了生化系统耐氟性试验，在试验稳定期内，连续测定反应初始和结束时的 TN、NH_4^+-N 浓度，试验结果如图 4-19 ～图 4-21 所示。

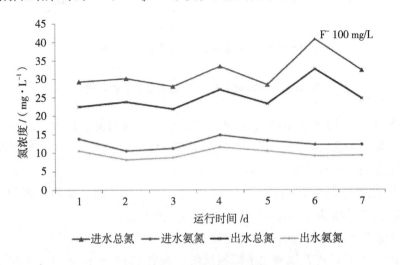

图 4-19　100 mg/L F^- 浓度对生化反应的影响

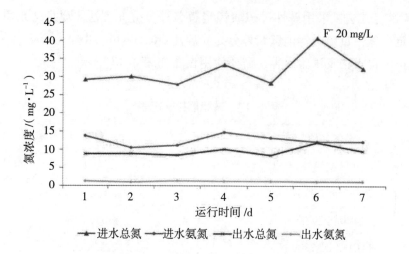

图 4-20   20 mg/L F⁻ 浓度对生化反应的影响

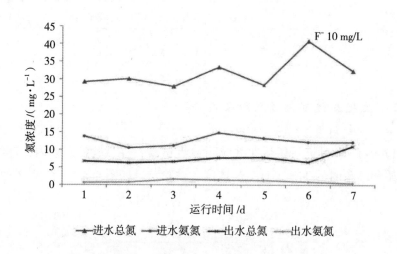

图 4-21   10 mg/L F⁻ 浓度对生化反应的影响

由图可知 F⁻ 浓度为 100 mg/L 时，F⁻ 对生化反应的抑制较大，反应过程中对总氮和氨氮的去除量都很小，表明 F⁻ 浓度为 100 mg/L 时 F⁻ 不仅对硝化过程产生抑制作用，也对反硝化过程产生了抑制作用。

当 F⁻ 浓度分别为 20 mg/L 和 10 mg/L 时，生化系统对总氮和氨氮的脱除效果都良好，F⁻ 浓度为 10 mg/L 时的生物脱氮效果最好。

2.含氟废水的除氟药剂投加优化试验

2017 年 5 月进行含氟废水的除氟试验。查询 2017 年 1—4 月实际污水处理厂含氟废水物化处理阶段的进、出水水质（表4-15），发现物化系统的出水中的 F⁻ 的浓度为 113 ～ 118 mg/L。因此，在物化处理的出水中投加氟化钠，配制 F⁻ 浓度为 120 mg/L 的废水，作为除氟小试的进水试样。

表4-15 2017 年 1—4 月工业废水处理厂含氟废水物化处理阶段的进、出水水质情况

	1 月	2 月	3 月	4 月
含氟废水物化进水浓度 /（mg·L⁻¹）	426.13	377.04	312.74	263.47
含氟废水物化出水浓度 /（mg·L⁻¹）	115	118	113	116

（1）不同 $CaCl_2$ 投加量对除氟效果的影响

取 5 份 1 L 的水样，将样品 pH 调整至 8.5 左右，分别投加 $CaCl_2$ 1 600 mg、1 800 mg、2 000 mg、2 200 mg、2 400 mg，在转速为 200 r/min 下搅拌 30 min，待沉淀 1 h 静止后取上清液检测 F⁻ 浓度。试验重复 3 次，试验结果如图 4-22 所示。

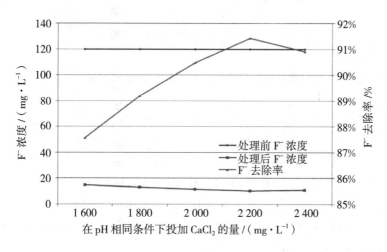

图 4-22 不同 $CaCl_2$ 用量条件下 F⁻ 的去除效果

从图 4-22 中可以看出，在 pH 为 8.5 条件下投加不同剂量的 $CaCl_2$，F⁻ 的去除率会随着 $CaCl_2$ 投加量增大而增大，且当 $CaCl_2$ 的投加量达 2 200 mg 时 F⁻ 的去除率为 91.4%，F⁻ 浓度为 10.4 mg/L。而当 $CaCl_2$ 的投加量超过 2 200 mg 时，

继续投加去除 F⁻ 效果提升不明显，所以从去除效果和经济性考虑，2 200 mg CaCl₂ 投加量为最佳值。

虽然单独投加 CaCl₂ 可以沉淀 F⁻，但沉淀物细小难沉，不利于工业化处理，需要混合投加絮凝剂，帮助澄清出水。

（2）pH 对 CaCl₂ 除氟效果的影响

首先取 9 份 1 L 的试样，用 20%、5%、1% 氢氧化钠将 pH 分别调整至 8、8.5、9、9.5、10、10.5、11、11.5、12，投加 CaCl₂ 2 200 mg，在转速为 200 r/min 下搅拌 30 min，待沉淀 1 h 静止后取上清液检测 F⁻ 浓度。试验重复 3 次，试验结果如图 4-23 所示。

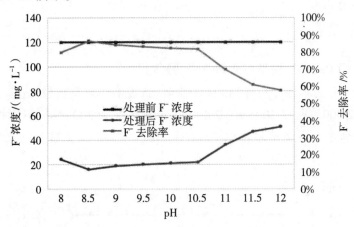

图 4-23　不同 pH 条件下 F⁻ 的去除效果

从图 4-23 中可以看出，在相同的 CaCl₂ 投加量的条件下，去除 F⁻ 最佳的 pH 为 8.5，去除率可以达到 90%，出水 F⁻ 浓度为 16.7 mg/L。

（3）CaCl₂+PAC 投加量对除氟效果的影响

取 4 份 1 L 试样，将 pH 调整至 8.5，投加 CaCl₂ 2 200 mg，在转速为 200 r/min 下搅拌 30 min。之后分别投加 150 mg、200 mg、250 mg、300 mg PAC，在转速为 100 r/min 下搅拌 30 min。待沉淀 1 h 静止后取上清液检测 F⁻ 浓度。试验重复 3 次，试验结果如图 4-24 所示。

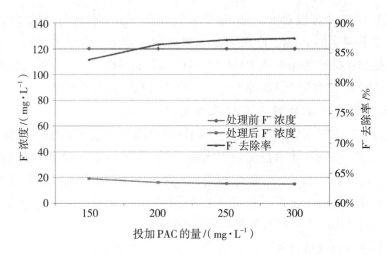

图 4-24　不同 PAC 用量条件下 F⁻ 的去除效果

从图 4-24 中可以看出，在 pH 为 8.5 和相同剂量的 $CaCl_2$（2 200 mg）投加条件下投加不同剂量的 PAC，随着 PAC 投加量的增大 F⁻ 去除率不断提升，当 PAC 投加量为 200 mg 时 F⁻ 出水浓度为 16.2 mg/L，继续投加 PAC 去除 F⁻ 效果提升不高。所以，从去除效果和经济性考虑，200 mg PAC 投加量为最佳。

（4）$CaCl_2$+PAM 投加量对除氟效果的影响

取 4 份 1 L 试样，将样品 pH 调整至 8.5，投加 $CaCl_2$ 2 200 mg，在转速为 200 r/min 下搅拌 30 min。分别投加 PAM 16 mg、18 mg、20 mg、22 mg，在转速为 40 r/min 情况下搅拌 30 min，待沉淀 1 h 静止后取上清液检测 F⁻ 浓度。试验重复 3 次，试验结果如图 4-25 所示。

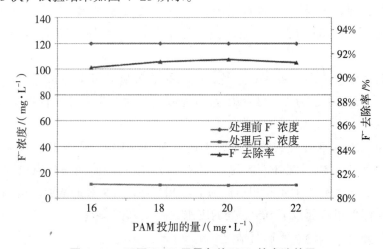

图 4-25　不同 PAM 用量条件下 F⁻ 的去除效果

从图 4-25 中可以看出，在 pH 为 8.5、相同 $CaCl_2$ 投加量（2 200 mg）条件下，投加不同量的 PAM，F^- 的去除效果波动十分小，去除效果基本相同，但从沉降性和经济性考虑，当 PAM 投加量在 18 mg 时 F^- 的去除效果已满足处理要求，可将 F^- 浓度降至 10 mg/L 左右，所以此投加量为最佳值。

（四）工业废水处理厂运行策略的研究

某园区工业废水处理厂作为电子园区典型的工业废水处理厂，和众多工业处理厂一样，面临水质水量波动变化情况，需要进行工艺调整。通过对现有运行中存在的问题的总结，以优化相关运行参数作为调整策略，结合冬季、夏季两个代表性季节的工艺运行和实际生产运行情况，调整工艺运行策略，整理归纳出完整的某园区工业废水处理厂全年的运行策略。

1. 工艺运行策略应用

（1）工艺运行策略实施内容

根据研究内容及试验分析总结，分别在冬季（1—2 月）、夏季（7—8 月）按小试运行参数指导生产。具体运行参数如下。

①物化处理

在原有物化系统中处理含氟废水，之后将其 pH 调整至 8.5，再向其中投加"$CaCl_2$+PAM"，其中 20%$CaCl_2$ 溶液、PAM 投加量分别为 2 200 mg/L、18 mg/L，进一步降低含氟废水中的 F^- 离子。

②生化处理

a. 经物化处理后的含氟废水与有机废水在调节池调节下按综合废水 1：2 的进水比进入生化系统，同时在生化系统进水端补充外加碳源。

b. 综合废水进入一级 A/O 系统，按一级缺氧池停留 7 h，一级好氧池停留 14.4 h，出水 DO 为 2～3 mg/L 进行控制，同时利用回流泵保持内回流比在 100% 左右。

c. 综合废水进入二级 A/O 系统，按二级缺氧池停留 4.86 h，二级好氧池停留 11.3 h，出水 DO 为 2～3 mg/L 进行控制，同时利用回流泵保持内回流比在 100% 左右。

d. 经二级 A/O 处理后的工业废水进入 MBR 膜池，停留 2 h，并利用 MBR 回流泵将生化系统污泥外回流比控制在 400% 左右。监测采样点设在 MBR 膜系统蓄水池出水端，主要监测指标为 F^-、NH_4^+-N、TN 等的浓度。监测采样时，利用采样桶采集液面以下 0.5 m 处的废水，降低采样误差。

（2）分析与讨论冬季运行情况

2018 年 1—2 月冬季，含氟废水的进水水量变大（图 4-26），超过生化系统原设计进水量。虽然在试验开始阶段，含氟废水与有机废水进水比为 1：2，但从第 6 天起，含氟废水的调节池已无法满足进水比 1：2 要求。

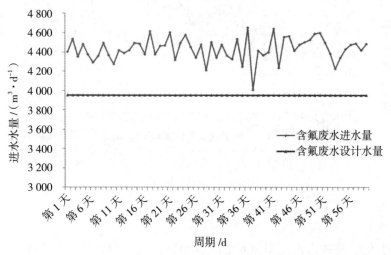

图 4-26　冬季含氟废水进水情况

通过小试试验可知，1：2～1：1.4 进水比均可被生化系统接受，因此适度增加含氟废水的处理水量，至第 10 日进水比调整为 1：1.5 并保持此比例至第 59 日。

由于 1—2 月环境温度普遍低于 15 ℃，出水 DO 保持在 2～3 mg/L，可以保证当出现季节性降温时，硝化效果保持在较高水平。从图 4-27 中可知，冬季的硝化效果良好，MBR 出水氨氮浓度小于 1 mg/L。冬季反硝化过程将受到抑制，需要采用补充碳源的方式增强反硝化作用[①]。由于本工业废水处理厂将长期处理工业废水，因此采用补充高 COD 有机原水的方式补充碳源，提高冬季反硝化菌的活性。目前以 11% 有机原水补充生化系统的碳源。从图 4-27 中可知，MBR 出水的总氮浓度（2.6～6.7 mg/L）、氨氮浓度均符合 RO 膜进水要求，因此利用有机原水补充碳源是可行的。经 MBR 膜池处理后的综合废水 F^- 浓度为 6.3～10.5 mg/L。符合 MBR 出水对氨氮浓度 < 8.4 mg/L、TN 浓度 < 12.6 mg/L、F^- 浓度 < 12.6 mg/L 的设计要求。此外，通过显微镜观察生化段污泥生长正常，SV_{30} 保持在 30%～35%，污泥颗粒较大，沉降性良好。

---

① 殷芳芳，王淑莹，昂雪野，等. 碳源类型对低温条件下生物反硝化的影响 [J]. 环境科学，2009, 30(1): 108-113.

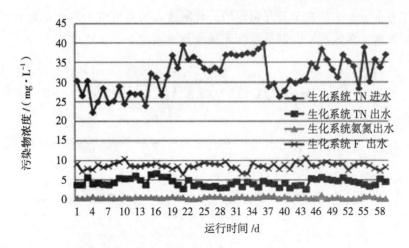

图 4-27　冬季 MBR 出水 F⁻、NH₄⁺-N、TN 浓度表

本生化系统并未出现崩溃现象，说明含氟废水与有机废水进水比 1 ∶ 1.5 仍可被生化系统接受，因此冬季进水比可在 1 ∶ 2 ～ 1 ∶ 1.4 调整。

（3）分析与讨论夏季运行情况

夏季 7—8 月含氟废水的进水水量变化如图 4-28 所示。运行开始阶段含氟废水与有机废水进水比达 1 ∶ 2，但是因含氟废水来水量波动变大，从第 5 天起适度增加含氟废水的处理水量，至第 8 天进水比调整为 1 ∶ 1.4 并保持此比例至第 62 天。通过图 4-29 可知，生化系统并未出现崩溃现象，说明此比例废水仍可被生化系统接受并处理，因此夏季进水比可在 1 ∶ 2 ～ 1 ∶ 1.4 调整。

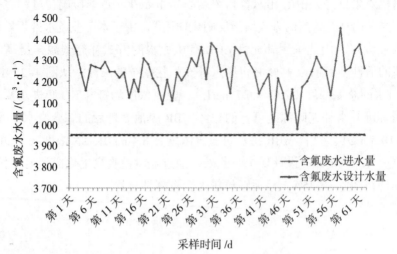

图 4-28　夏季含氟废水进水情况

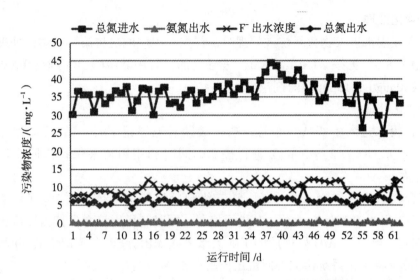

图 4-29 夏季 MBR 出水 F⁻、NH_4^+-N、TN 浓度表

从图 4-29 中可知，在此工艺运行策略下，经 MBR 膜池处理后的综合废水，总氮浓度为 4.05 ～ 12.09 mg/L，氨氮浓度为 0.03 ～ 0.87 mg/L，F⁻ 浓度为 7.10 ～ 12.48 mg/L，符合 MBR 出水对氨氮浓度 < 8.4 mg/L、TN 浓度 < 12.6 mg/L、F⁻ 浓度 < 12.6 mg/L 的设计要求。此外，通过显微镜观察生化段污泥生长正常，SV_{30} 保持在 30% ～ 35%，污泥颗粒较大，沉降性良好。

7—8 月的环境温度普遍在 29 ～ 35 ℃，硝化细菌的最适宜生长温度多为 30～35 ℃[1]，亚硝化菌在 28～29 ℃反应最活跃[2]，考虑到增加外加碳源是为了促进反硝化作用，因此在此温度下尝试减少外加碳源的补充。第 15 天开始降低有机原水的补充量，第 20 天将有机原水的补充量降至原来的 5% 时，出水的总氮指标呈上升趋势，在保持 5% 有机原水补充量的情况下，总氮出水浓度保持稳定，因此在夏季运行补充 5% ～ 11% 的有机原水即可满足生化系统对脱氮的需求。

（4）运行策略总结

通过冬季运行策略与夏季运行策略的应用，根据运行结果针对部分参数进行调整并总结运行成果，整理全年运行策略，具体内容如下。

① RANDALL C W, BUTH D. Nitrite build—up in activated sludge resulting from temperature effects[J]. Water pollution control federation, 1984, 56(9): 1039-1044.

② FDZ-POLANCO F, VILLAVERDE S, GARCIA P A. Temperature effect on nitrifying bacteria activity in biofilers: activation and free ammonia inhibition[J]. Water science technology, 2003, 30(11): 121-130.

①物化处理

当含氟废水进入物化系统被处理时，首先利用酸碱法将第一级物化处理段 pH 调整至 8.5，再按"CaCl₂+PAM"进行投加，其中 20%CaCl₂ 溶液、PAM 分别按 2 200 mg/L、18 mg/L 的剂量投加。

②生化处理

综合废水进入一级 A/O 系统，按一级缺氧池停留 7 h，一级好氧池停留 14.4 h，出水 DO 为 2 ～ 3 mg/L 进行控制，同时利用回流泵保持内回流比在 100% 左右。

综合废水进入二级 A/O 系统，按二级缺氧池停留 4.86 h，二级好氧池停留 11.3 h，出水 DO 为 2 ～ 3 mg/L 进行控制，同时利用回流泵保持内回流比在 100% 左右。经二级 A/O 处理后的工业废水进入 MBR 膜池，停留 2 h，并利用 MBR 回流泵将生化系统污泥外回流比控制在 400% 左右。

生化处理的综合废水按 1 ： 1.4 的进水比进入生化系统，冬季生化系统进水端需要补充 11% 有机原水作为碳源以促进反硝化作用，夏季可补充 5% 有机原水确保碳源的充足。

以上运行策略可以解决高浓度含氟废水无法被生化处理及其引发生化系统脱氮效果不佳等问题。

2. 工艺运行策略的经济性

（1）成本分析的目的

工艺运行策略的目的是指导调整工艺参数解决运行问题，并降低工艺运行成本。本项目工艺运行策略适合解决由含氟进水浓度引发的 RO 系统污染问题，采用此项运行策略而产生的运行费用还需要进一步分析。

能耗分析是测算试验期间工艺运行费用最好、最直接的手段。废水处理厂的运行费用由人工费、药剂费、能耗费、维护费、污泥废料处置费等费用组成[①]。因此，利用能耗分析方法计算电子工业废水综合处理厂运行的经济性是可行的。工业废水处理厂经过几十年的发展，一系列成熟的分析方法已经形成，如成本分析法成功地解决了许多工业废水处理厂运行成本问题。

（2）成本分析的方法

成本分析即计算污水处理厂处理每单位体积污水所产生的能耗费用，并将该单位体积能耗费用折算成电能（kW·h/m³）、药剂费用（元 /m³）等，计算公式如下：

---

① 牛学义，张申旺，王旺. 德法两国与我国在污水厂设计建设和运行方面的比较 [J]. 给水排水，2001，27(3): 22-25.

$$X = \frac{Y}{Q}$$

式中：X 为单位体积污水能耗费用；Y 为能耗总费用；Q 为处理的工业废水水量。

根据工业废水处理厂已有运行成本分析，药剂费用、电力费用以及人工费用等是组成现有运行成本的主要费用（图 4-30），其中电力费用及药剂费用占日常运行成本的 58%。有学者指出工艺流程的选择是影响整个工艺运行成本的关键，选择适宜的处理工艺不仅影响处理厂的处理效果，还影响整个处理工程的运行费用[①]。因此，针对工艺运行阶段药剂单耗及电力单耗进行成本分析，测算本工艺运行策略，通过调整优化可实现经济效益最大化。

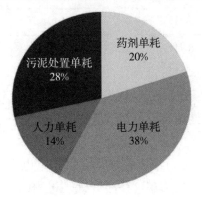

图 4-30　运行成本构成情况

（3）药剂单耗分析

表 4-16 是 2017 年 1—2 月、7—8 月药剂单耗与 2018 年 1—2 月、7—8 月药剂单耗的数据。

---

① 卓明，冯裕钊，陈勇，等．污水处理中经济性分析 [J]．给水排水，2005，31(12): 34-40.

表 4-16　2017 年、2018 年 1—2 月、7—8 月废水处理厂药剂单耗表

单位：元 /t

		CaCl$_2$	PAM 阴离子
2017 年	1 月	0.31	—
	2 月	0.31	—
	7 月	0.33	—
	8 月	0.32	—
2018 年	1 月	0.19	0.06
	2 月	0.18	0.07
	7 月	0.18	0.06
	8 月	0.17	0.05

通过表 4-16 数据可知，2018 年药剂单耗较 2017 年有所降低，证明此工艺运行策略降低了物化处理阶段药剂运行成本。

（4）单位电耗分析

通过图 4-31 所示的运行成本构成情况可知，电力费用是本工业废水处理厂十分重要的运行支出。电力单耗中生物处理过程的电耗占了全厂电力单耗的大部分[1]。本工艺运行策略在提升废水处理质量的同时几乎未增加电耗设备。

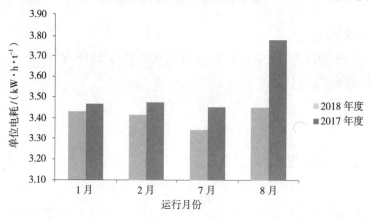

图 4-31　2017 年 1—2 月、7—8 月单位电耗与 2018 年同期电耗的情况

---

① 孟德良，刘建广 . 污水处理厂的能耗与能量的回收利用 [J]. 给水排水，2002, 28(4): 18-20.

（5）成本分析结论

综上所述，采用此工艺运行策略可有效降低药剂单耗和单位电耗，通过测算可知，在提升处理能力、解决运行问题的同时每年可节约运行成本1 500多万元。因此，此工艺运行策略符合降低工艺运行成本的目的，具有一定经济推广意义。

第五章　水质环境典型污染物监测分析方法研究

一、水环境中抗生素药物的污染现状

目前，在地表水、地下水、饮用水和海水中已发现 50 多种药物。国外许多学者，特别是欧洲及美国的科学家对此进行了一系列的研究。Roman Hirsch[①] 研究了有代表性的抗生素在德国某污水处理厂的出水口和地表水中的存在情况，分析了大环内酯类、青霉素类和四环素类等 18 种抗生素的浓度，在河水中检测到浓度为 0.62 μg/L 的红霉素、0.19 μg/L 的罗红霉素和克拉霉素等，而四环素类和青霉素类的浓度相对较低，分别为 50 ng/L 和 20 ng/L，这可能是因为这类抗生素分子结构中的 β- 内酰胺环不稳定，易在水环境中降解。在欧洲易北河河口，红霉素、罗红霉素等大环内酯类化合物是检出率较高的化合物，含量范围为 30 ～ 70 ng/L。Kolpin 较全面地分析了美国 30 个州内 139 条河流水中农药、医药、激素等 95 种有机污染物的含量，其中抗生素浓度均在 μg/L 级。泰乐菌素、罗红霉素、红霉素的脱水代谢产物等大环内酯类抗生素的浓度为 0.04 ～ 0.1 μg/L，四环素、土霉素和氯四环素的浓度约为 0.42 μg/L，磺胺甲恶唑、磺胺甲基嘧啶、磺胺甲噻二唑和磺胺间二甲氧嘧啶等磺胺类抗生素的浓度为 0.02 ～ 0.6 μg/L，诺氟沙星平均浓度为 0.12 μg/L，甲氧苄啶是各水体样品中最常检测到的一种抗生素，检测到的最高浓度为 0.71 μg/L[②]。在德国、意大利、瑞士等国内的河流水中最常检测到的抗生素种类主要是大环内酯中的泰乐菌素、罗红霉素、红霉素和磺胺类中的磺胺甲恶唑。我国学者对我国水体

---

①　HIRSCH R, TERNES T, HABERER K, et al . Occurrence of antibiotics in the aquatic environment[J]. Sciencc of the total environment, 1999, 225(1-2): 109-118.

②　RICHARDSON M L, BOWRON J M. Diet and humoral responsiveness of lines of chickens divergently selected for antibody response to sheep red blood cells[J]. Journal of pharmacy and pharmacology, 1985, 37 (1): 1-12.

中抗生素的存在情况也做了一些研究。徐维海[1]等分析了香港维多利亚港与珠江广州河段水体中几种典型抗生素的含量，维多利亚港各水体中抗生素较少，广州河段中 9 种目标抗生素都能被检测到，而且含量水平高于美国、欧洲等河流中相应抗生素的含量。孙广大[2]等用 HLB 固相萃取柱富集、净化，超高压液相色谱－串联质谱检测福建九龙江口及厦门近岸海域环境水样，其中四环素类抗生素未被检出，氧氟沙星浓度为 0.9 ～ 5.8 ng/L。

需要引起足够重视的是在地下水和自来水中也检测到了药物。在德国[3]巴登－符腾堡州的 108 个地下井水样品中共检出 60 种药物，其中 8 种药物可在至少 3 个样品中同时检测到，最高含量达到 1 100 ng/L，检出率最高达 20%。而这 8 种药物中就有大环内酯类和磺胺类两类抗生素。目前，关于抗生素在地下水中的调查研究不多。磺胺类抗生素在土壤中的吸附性弱，容易通过淋溶作用进入地下水。Angela L. Batt[4]等分析了美国华盛顿郡 6 个作为饮用水源的井水水质，并评价水井附近的动物饲养对当地地下水的水质影响，在所有井水样品中都发现了兽药抗生素磺胺二甲嘧啶（浓度为 0.076 ～ 0.22 μg/L）、磺胺二甲氧嘧啶（浓度为 0.046 ～ 0.068 μg/L），动物饲养场是附近的地下水抗生素的主要来源。Hirsch 等对多个农田区域的地下水样品进行分析，只在两个点检测出磺胺类抗生素，其中磺胺甲恶唑和磺胺二甲嘧啶含量分别为 0.47 μg/L 和 0.16 μg/L。

二、水环境中抗生素的主要来源

水环境中的抗生素主要来自生活污水、工业污水、医院和药厂废水，水产养殖废水以及垃圾填埋场等也含有大量的抗生素类药物。虽然有研究表明，生

---

① XU W H, ZHANG G, LI X D, et al. Occurrence and elimination of antibiotics at four sewage treatment plants in the Pearl River Delta (PRD), South China[J]. Water research, 2007, 41(18): 4526-4534.

② 孙广大，苏仲毅，陈猛，等 . 固相萃取－超高压液相色谱－串联质谱同时分析环境水样中四环素类和喹诺酮类抗生素 [J]. 色谱，2009, 27(1): 54-58.

③ HEBERER T, STAN H J, SCHMIDT-BAUMLER K. Occurrence and dislribution of organic contaminants in the aquatic system in Berlin. Part I: drug residues and other polar contaminants in Berlin surface and groundwater[J]. Acia gydroehim et hydrobiol, 1998, 26(5): 272-278.

④ BATT A L, SNOW D D, AGA D S. Occurrence of sulfonamide antimicrobials in private water wells in Washington County, Idaho, USA[J]. Chemosphere, 2006, 64(11): 1963-1971.

活和工业污水中的大多数药物可以在污水处理厂被分解或去除，但即使在污水处理设施十分完善的发达国家，抗生素类药物也不能完全被去除。

（一）医院

医院是抗生素类药物使用最为集中的地方，许多研究已经证明医院中的废水包括由医院丢弃的过期抗生素、病人粪便和尿液排出的处方抗生素。Andreas Hartmann 等[①] 在医院附近的下水道检测到大量高浓度的医用抗生素，如强心剂、镇痛药、避孕药、类固醇和其他激素类、防腐剂、利尿剂、心血管和呼吸病治疗剂、降压和降糖药等。Klaus Kümmerer[②] 的调查结果显示，环丙沙星在某医院废水中的浓度为 0.7 ～ 124.5 ng/L，阿莫西林为 20 ～ 80 ng/L，这个含量已经远远超过了水中生物的致死含量。美国在城市废水中检测 6 类主要处方药，包括 β- 内酰胺类（如青霉素、阿莫西林、头孢安定等）、大环内酯类（如阿奇霉素、乙酰螺旋霉素和红霉素）、氟喹诺酮类、氨基糖苷类、磺胺类及四环素类抗生素，其中青霉素的检出率最高，其次为磺胺类、大环内酯类和氟喹诺酮类。在瑞典的医院废水处理厂的排水出口发现了多种抗生素，包括氟喹诺酮、磺胺甲恶唑、甲氧苄啶、青霉素、四环素等，其含量水平已经超过环境中药物含量的千倍甚至万倍。Kathryn D. Brown 等[③] 在医院排出的废水中检测到磺胺甲恶唑、甲氧苄啶、环丙沙星、氧氟沙星、林可霉素、青霉素等抗生素，其中氧氟沙星含量较高，浓度达到 35.5 mg/kg。高浓度的抗生素药物进入环境中，势必将对环境造成严重的影响。

（二）水产养殖和牲畜养殖

在水产养殖中使用抗生素预防和治疗鱼类等的疾病已经是行业内外皆知的事实，并且存在滥用现象。随着药物的大量使用，大量未被吸收的药物和养殖

① HARTMANN A, FENDER H, SPEIT G. Comparative biomonitoring study of workers at a waste disposal site using cytogenetic tests and the comet (single-cell gel) assay[J]. Environmental and molecular mutagenesis, 1998, 32(1)17-24.

② KÜMMERER K. Drugs in the environment: emission of drugs, diagnostic aids and disinfectants into wastewater by hospitals in relation to other sources-a review[J]. Chemosphere, 2001, 45(6-7): 957-969.

③ BROWN K D, KULIS J, THOMSON B, et al. Occurrence of antibiotics in hospital, residential, and dairy effluent, municipal wastewater, and the Rio Grande in New Mexico[J]. Science of the total environment, 2006, 366(2-3): 772-783.

水体中残留的药物最终将进入环境中或者吸附到池塘沉积物上。张慧敏等[1] 提出在浙北地区施用畜禽粪肥的农田表层土壤中土霉素、四环素和金霉素的检出率分别为93%、88%和93%,残留量分别在检测限以下至 5.17 mg/kg、0.553 mg/kg、0.588 mg/kg 之间。陈昇等[2] 于 2005—2006 年采集了江苏省各市不同种类的集约化畜禽养殖场共 178 个畜禽粪便样品,检测结果表明磺胺类药物残留的检出率普遍较高,各种药物检出总量变化较大,总量大于 3 000 ng/g 的小于 5%,而总量小于 200 ng/g 的约占 50%,且各类药物同时检出的现象较为明显。赵娜[3] 研究了珠江三角洲地区不同类型菜地土壤中磺胺类和四环素类抗生素的含量,研究显示养猪场菜地土壤中抗生素的总含量远远高于无公害蔬菜基地、普通蔬菜基地和绿色蔬菜基地。

(三)垃圾填埋场

医药垃圾若不经过滤收集系统,直接进入垃圾填埋场,从医药垃圾中渗出的部分物质将进入周围的水层。磺胺类抗生素在丹麦垃圾填埋厂淋滤液中的含量可高达 0.04 ~ 6.47 mg/L;粪便中抗生素浓度已达 mg/kg 级。T. Høverstad[4] 等较早报道了人体粪便中几种常规服用的抗生素暴露问题,其中甲氧苄啶和强力霉素的浓度为 3 ~ 40 mg/kg,红霉素的浓度高达 200 ~ 300 mg/kg。四环素类是动物粪便中常见的抗生素,Gerd Hamscher 等[5] 在液体粪肥中检测到四环素含量为 4.0 mg/kg,氯四环素含量为 0.1 mg/kg。Elena Martinez-Carballo[6] 等分析了不同禽畜粪便中抗生素的残留情况,也发现了四环素是猪粪中浓度最

① 张慧敏,章明奎,顾国平.浙北地区畜禽粪便和农田土壤中四环素类抗生素残留 [J].生态与农村环境学报,2008(3): 69-73.

② 陈昇,董元华,王辉,等.江苏省畜禽粪便中磺胺类药物残留特征 [J].农业环境科学学报,2008(1): 385-389.

③ 赵娜.珠三角地区典型菜地土壤抗生素污染特征研究 [D].广州:暨南大学,2007.

④ HØVERSTAD T, CARLSTEDT-DUKE B, LINGAAS E, et al. Influence of oral intake of seven different antihiotics on faecal short-chain fatty acid excretion in healthy subjects[J]. Scandinavian journal of gastroenterology, 1986, 21(8): 997-1003.

⑤ HAMSCHER G, SCZCSNY S, HÖPER H, et al. Determination of persistent tetracycline residues in soil fertilized with liquid manure by high-performance liquid chromatography with electrospray ionization tandem mass specirometry[J]. Analytical Chemistry, 2002, 74(7): 1509-1518.

⑥ MARTINEZ-CARBALLO E, GONZALEZ-BARREIRO C, SCHARF S, et al. Environmental monitoring study of selected veterinary antibiotics in animal manure and soils in Austria[J]. Environ pollution, 2007, 148(2): 570-579.

高的一类抗生素。其中，氯四环素、土霉素和四环素的浓度分别为 46 mg/kg、29 mg/kg、23 mg/kg。磺胺类抗生素在动物粪便中也常被检出，猪粪中的磺胺嘧啶和鸡粪便中的磺胺二甲嘧啶最高浓度分别达到 20 mg/kg 和 91 mg/kg。我国也有抗生素在禽畜粪便中残留的报道。浙北地区禽畜粪便样品中四环素、土霉素和金霉素残留量分别在检测限以下至 16.75 mg/kg、29.6 mg/kg、11.63 mg/kg 之间。江苏地区畜禽粪便中磺胺类药物的检出率普遍较高。其中，奶牛粪便中磺胺类含量最高，母猪粪便中最低。因此，将含抗生素的动物粪便作为有机肥施用到农田是抗生素进入环境的重要途径。

三、水环境中重金属对抗生素抗性的影响分析

环境中广泛存在的抗生素的耐药性已经对人类健康构成了严重威胁，因为它与抗生素治疗潜力的丧失以及随之而来的发病率和死亡率息息相关[1]。临床和自然环境中抗生素抗性基因的传播速度随环境中污染物的增加而大大加快。最近，越来越多的研究表明除抗生素以外的其他多种污染物都可以促进抗生素抗性基因的传播扩散，如重金属、消毒剂[2]及其副产物[3]和纳米粒子[4]等。在抗生素和重金属的共同作用下，抗生素抗性基因的传播扩散尤为显著。

重金属存在于自然环境中，但近年来人类人口增长和工业的迅速发展使重金属在各种环境中的释放和积累量逐渐增多[5]。Craig Baker-Austin 等人[6]在研究

---

① ASHBOIT N J, BACKHAUS T, BORRIELLO P, et al. Human health risk assessment (HHRA) for environmental development and transfer of antibiotic resistance[J]. Environmental health perspectives, 2013, 121(9): 993-1001.

② GUO M T , YUAN Q B, YANG J. Distinguishing effects of ultraviolet exposure and chlorination on the horizontal transfer of antibiotic resistance genes in municipal wastewater[J]. Environmental science technology, 2015, 49(9): 5771-5778.

③ LV L, YU X, XU Q, et al. Induction of bacterial antibiotic resistance by mutagenic halogenated nitrogenous disinfection byproducts[J]. Environmental pollution, 2015, 205: 291-298.

④ DING C S, PAN J, JIN M, et al. Enhanced uptake of antibiotic resistance genes in the presence of nanoalumina[J]. Nanotoxicology, 2016, 10(8): 1051-1060.

⑤ WANG R Y, ZHOU X H, SHI H C. Triple functional DNA-protein conjugates: Signal probes for Pb^{2+} using evanescent wave-induced emission[J]. Biosensors and bioelectronics, 2015, 74: 78-84.

⑥ BAKER-AUSTIN C, WRIGHT M S, STEPANAUSKAS R, et al. Co-selection of antibiotic and metal resistance[J]. Trends in microbiology, 2006, 14(4): 176-182.

中报道重金属在水环境中促进了抗生素抗性基因的传播，其中主要以抗性基因的水平转移为主。涉及重金属和抗生素的抗性基因一般都位于移动或可移动的遗传元件上，如质粒、整合子和转座子等，抗性基因可以通过遗传元件在微生物群落之间进行水平转移[①]。Cheng Weixiao等人[②]和Martina Hausner等人[③]的报道显示，质粒在抗生素抗性基因的水平转移过程中起到了非常重要的作用。已有学者对质粒介导的抗生素抗性基因在土壤和污水处理厂中的水平转移进行了研究。抗性质粒容易在敏感菌之间发生水平转移，其中包括同属、跨属，甚至可以在革兰氏阳性菌和革兰氏阴性菌之间转移[④]。在所有环境介质中，水环境中存在着大量的抗生素抗性基因和抗生素耐药菌，因此水环境对抗生素抗性基因的传播具有重要作用[⑤]。

　　本节以E.coli K12（RP4）为供体菌，以环境水样中土著混合菌为受体菌，建立微宇宙水环境体系，并以不同浓度的重金属（铜、镉、铅、锌）为选择性压力，考察其对抗生素抗性基因的水平转移频率的影响。通过影印培养法筛选接合子，连同DNA测序，确定接合转移体系中可培养受体菌和接合子的细菌种属。通过琼脂稀释法考察接合子对8种抗生素和4种重金属的最小抑菌浓度，以进一步阐明重金属在促进多种抗生素抗性基因水平转移频率中的重要作用。

①　SATORU S, MIDORI K, TETSURO A, et al. Vanadium accelerates horizontal transfer of tet(M) gene from marine photobacterium to escherichia coli[J]. Fems microbiology letters, 2012, 336(1):52-56.

②　CHENG W X, LI J N, WU Y, et al. Behavior of antibiotics and antibiotic resistance genes in eco-agricultural system: A case study[J]. Journal of hazardous materials, 2016, 304: 18-25.

③　HAUSNER M, WUERTZ S. High rates of conjugation in bacterial biofilms as determined by quantitative in situ analysis[J]. Applied and environmental microbiology, 1999, 65(8): 3710-3713.

④　YANG D, WANG J, QIU Z, et al. Horizontal transfer of antibiotic resistance genes in a membrane bioreactor[J]. Journal of biotechnology, 2013, 167(4): 441-447.

⑤　SU H C, YING G G, TAO R, et al. Class 1 and 2 integrons, sul resistance genes and antibiotic resistance in Escherichia coli isolated from Dongjiang river, South China[J]. Environmental pollution, 2012, 169(15): 42-49.

（一）实验材料与方法

1.微宇宙水环境体系的建立

以《经济合作与发展组织化学品测试准则》为依据[①]，建立了微宇宙水环境体系，研究重金属铜（Cu）、镉（Cd）、铅（Pb）、锌（Zn）对RP4质粒介导的抗生素抗性基因由大肠杆菌K12向水环境中土著细菌水平转移的影响。水环境样本从某市公园中采集。水环境样本的水质特性如表5-1所示。供体菌为具有利福平抗性（Rif^R）的大肠杆菌K12，并携带耐氨苄西林、卡那霉素和四环素的RP4质粒（Ap^R、Km^{R}和Tc^R）。受体菌则为水环境样本中的土著混合菌，经检测该样本中土著混合菌不携带RP4质粒且无供体菌所含抗性。

表5-1 某市公园水样水质特性

测试指标	单 位	结 果
恩诺沙星	ng/L	36.0
四环素	ng/L	300.4
磺胺二甲嘧啶	ng/L	0.4*
环丙沙星	ng/L	26.8
氧氟沙星	ng/L	10.0
卡那霉素		**ND
土霉素	ng/L	11.6
磺胺甲恶唑	ng/L	82.4
强力霉素	ng/L	5.2
链霉素	ng/L	50.5
金霉素	ng/L	16.8
罗红霉素	ng/L	7.2
氨苄西林		**ND
利福平		**ND

---

① GENERAL C. Test NO. 308: aerobic and anaerobic transformation in aquatic sediment systems[J]. OECD guidelines for testing of chemicals, 2006, 1(3): 1-19.

续　表

测试指标	单　位	结　果
锌	ng/L	50.0
铜	ng/L	10.0
总有机碳	mg/L	16.8
氨氮	mg/L	3.2
总磷	mg/L	0.2
酸碱度		7.2
水温	℃	30

注：* 代表大于检出限（LOD）；** ND 代表未检出。

水样采集后于冰箱中 4 ℃静置 3 h 以去除沉淀物。收集上清液，转移至 500 mL 三角瓶中，加入 1%Luria-Bertani（LB）培养基，在 30 ℃的摇床培养箱（160 r/min）培养过夜，调整菌液浓度 $OD_{600} \approx 0.4$。随后添加 1% 大肠杆菌 K12 供体菌株，形成微宇宙水环境体系。

在 500 mL 三角瓶中建立水平转移体系，同时添加不同浓度的重金属溶液（$CuSO_4$、$CdCl_2$、$PbSO_4$ 和 $ZnSO_4$ 溶液）以保证金属离子的最终作用浓度分别为 0 μg/L、0.05 μg/L、0.5 μg/L、5 μg/L、25 μg/L、50 μg/L、100 μg/L 和 200 μg/L[1][2][3][4]，涡旋混匀。将水平转移体系置于 30 ℃恒温培养箱中静置培养 40 h。并于接合转移期间定时取样（0 h、5 h、10 h、15 h、20 h、25 h、30 h、35 h、40 h）10 mL 用于实验涂板和 DNA 提取。

①　BOECKEL T V, BROWER C H, Gilbert M, et al. Global trends in antimicrobial use in food animals[J]. Proceedings of the national academy of sciences, 2015, 112(18): 5649-5654.

②　DWYER D J, KOHANSKI M A, COLLINS J J. Role of reactive oxygen species in antibiotic action and resistance[J]. Current opinion in microbiology, 2009, 12(5): 482-489.

③　LI J N, CHENG W X, XU L K, et al. Occurrence and removal of antibiotics and the corresponding resistance genes in wastewater treatment plants: effluents' influence to downstream water environment[J]. Environmental science pollution research, 2016, 23(7): 6826-6835.

④　WEN Q, YANG L, DUAN R, et al. Monitoring and evaluation of antibiotic resistance genes in four municipal wastewater treatment plants in Harbin, Northeast China[J]. Environmental pollution, 2016, 212: 34-40.

2.水平转移频率的计算

用平板计数法检测水平转移体系中重金属 Cu、Cd、Pb、Zn 处理组对质粒 RP4 从供体菌向可培养的土著混合菌水平转移的影响。通过 LB 琼脂培养基筛选并计数水环境样本中可培养的细菌总量（N_r）；在含 60 mg/L 卡那霉素、100 mg/L 氨苄西林、10 mg/L 四环素和 40 mg/L 利福平的四抗 LB 平板上，对供体菌株 N_4（Ap^R、Km^R、Tc^R 和 Rif^R）进行培养计数。此外，在三抗平板上（100 mg/L Ap^R、50 mg/L Km^R、10 mg/L Tc^R）对供体菌株和接合子（N_3）进行平板计数。可培养的接合子即为 N_3 与 N_4 之差。同时，将水环境样本作为对照组用三抗平板进行计数（即作为阴性对照，也将受体菌株的自发突变排除在外）。

水平转移频率 f 由以下公式计算：

$$f = \frac{N_3 - N_4}{N_r - N_4}$$

其中，N_r 为水环境样品中可培养的细菌总量，单位为 CFU/mL；N_3 为携带 RP4 质粒（Ap^R、Km^R、Tc^R）的细菌数量，包括供体菌和接合子，单位为 CFU/mL；N_4 为供体菌数量（Ap^R、Km^R、Tc^R、Rif^R），单位为 CFU/mL。

3. RP4 质粒接合转化体系

为了排除从细菌细胞裂解出的裸露 RP4 质粒向其他受体细菌转化的影响，建立相同浓度 Cu 暴露下，裸露 DNA（RP4 质粒）向受体转化的阴性对照实验。将供体大肠杆菌 K12 接种到具有相应抗性的 LB 液体培养基上，置于 37 ℃振荡培养箱（160 r/min）中过夜振荡培养。使用细菌 DNA 提取试剂盒（OMEGA，美国），根据说明书步骤从大肠杆菌 K12 中提取 RP4 质粒。同时，调整菌液浓度 $OD_{600} \approx 0.4$。

随后，添加 RP4 质粒至微宇宙水环境体系并保证其最终浓度为 5 μg/mL（该浓度相当于供体大肠杆菌 K12 进行水平转移所携带 RP4 质粒的浓度）。在各个实验组添加 $CuSO_4$ 溶液保证 Cu 作用浓度为 0 μg/L、0.05 μg/L、0.5 μg/L、5 μg/L、25 μg/L、50 μg/L、100 μg/L 和 200 μg/L，混匀。

4.接合子的鉴定和药敏实验

通过影印培养法 ① 分离接合子。在三抗平板（Ap^R、Km^R、Tc^R）和四抗平

---

① LEDERBERG J, LEDERBERG E M. Replica plating and indirect selection of bacterial mutants[J]. Journal of bacteriology, 1952, 63: 399-406.

板（Ap^R、Km^R、Tc^R、Rif^R）上分别用影印培养法对接合转化菌株进行培养，以确保两平板上的菌株位置相同。接合子可以在三抗平板上生长，但不能在四抗平板上生长。同时，通过 PCR 和 DNA 测序验证 RP4 质粒已转入受体菌株，PCR 引物经过特殊设计，如表 5-2 所示。记录接合子形态特征，通过 16SrRNA 测序对分离得到的接合子进行鉴定。

表 5-2　目标基因 PCR 引物及条件

引　物	基　因	引物序列 (5'-3')	PCR 退火温度/℃	qPCR 退火温度/℃	扩增长度/bp
16s-FW	16S	CGGTGAATACGTTCYCGG	58	57.5	126
16s-RV	rRNA	GGWTACCTTGTTACGACTT			
27F	16S	AGAGTTTGATCCTGGCTCAG	56	—	1 466
1492R	rRNA	GGTTACCTTGTTACGACTT			
tnpR-FW	tnpR	GCAAATCCAGCCCTTCC	55	60	205
tnpR-RV		AACCAGCCAGCAGTCTC			
traF-FW	traF	CTCCGATGGAGGCCGGTAT	54.1	54.1	196
traF-RV		GGGAATGCCATCTGCCTTGA			

注：FW——forward；RV——reverse。

　　此外，对可培养的接合子和可培养的土著受体菌进行 8 种抗生素（氨苄西林、卡那霉素、四环素、磺胺二甲嘧啶、罗红霉素、环丙沙星、金霉素和链霉素）和 4 种重金属（铜、镉、铅、锌）的最小抑菌浓度实验，该实验参照临床和实验室标准研究[①] 所推荐的琼脂稀释法，确定梯度稀释（256 mg/L、128 mg/L、64 mg/L、32 mg/L、16 mg/L、8 mg/L、4 mg/L、2 mg/L、1 mg/L、0.5 mg/L、0.25、0.125 mg/L、0.06 mg/L、0.03 mg/L）。

[①]　WIKLER M A, Performance standards for antimicrobial susceptibility testing: sixteenth informational supplement[S]. Pittsburgh: Clinical and laboratory standards institute, 2006.

（二）结果分析

1.重金属影响质粒 RP4 水平转移

本实验对铜（Cu）、镉（Cd）、铅（Pb）、锌（Zn）4 种重金属对 RP4 质粒介导的抗生素抗性基因在微宇宙水环境中的水平转移频率进行研究。结果表明，Cu、Pb、Zn 促进了微宇宙水环境中抗性基因的水平转移，而在 Cd 暴露条件下抗性基因水平转移频率有所降低。本实验对实验组和对照组之间的差异进行了显著性分析。

如图 5-1 所示，Zn 提高了微宇宙水环境系统中抗生素抗性基因的水平转移频率。当 Zn 浓度小于 0.5 μg/L 时，由 RP4 质粒介导的抗性基因的水平转移频率有小幅度降低；Zn 浓度介于 0.5 ～ 50 μg/L，其水平转移频率随 Zn 浓度增大呈明显上升趋势，且在 50 μg/L 组达到最大值，较对照组而言大约增加了 4.6倍；Zn 浓度大于 50 μg/L 时，其水平转移频率又呈下降趋势。

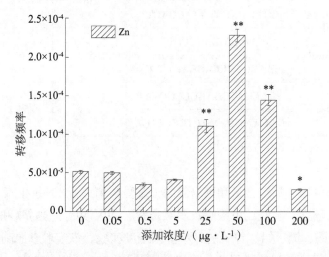

图 5-1　Zn 对抗生素抗性基因从供体菌 E.coli K12 向水样土著受体菌水平转移的影响

此外，水环境中 Zn 浓度与本研究所设置的 Zn 暴露浓度相似。Jia 等[1] 研究了太湖北部、西部和南部水样中几种典型重金属含量特征，结果表明太湖西部

---

[1]　JIA Y, CHEN W, ZUO Y, et al. Heavy metal migration and risk transference associated with cyanobacterial blooms in eutropHic freshwater[J]. Science of the total environment, 2018, 613:1324-1330.

水样中 Zn 浓度为 2.46 ～ 25.37 μg/L。Li 等人[①] 对太湖西部沉积物中重金属的含量特征进行了分析研究，结果显示沉积物中 Zn 含量为 94.4 ～ 129.2 μg/g，且自 1990 年以来，重金属含量呈明显上升趋势。因此，水环境中 Zn 可以促进抗生素抗性基因的转移扩散，这一点需要引起重视。

　　Pb 对微宇宙水环境系统中抗生素抗性基因的水平转移也具有一定的促进作用，且大致趋势与 Zn 相似，如图 5-2 所示。随着 Pb 浓度的增加，由 RP4 质粒介导的抗性基因的水平转移频率明显提高，且在 100 μg/L 组达到最大值，较对照组而言大约增加了 3.4 倍。当 Pb 浓度大于 100 μg/L 时，抗性基因的水平转移频率迅速降低。此外，其水平转移频率与 Pb 浓度（0.05 ～ 100 μg/L）之间存在明显的剂量依赖性（$p < 0.05$，S-N-K 测试）。Wang 等人[②] 的研究显示，中国江苏省五大湖（太湖、滆湖、洪泽湖、高宝邵伯湖和骆马湖）中 Pb 浓度为 1.03 ～ 15.18 μg/L。因此，现存水环境中可检测的 Pb 浓度已经可以对抗生素抗性基因的水平转移产生一定的促进作用。此外，由于重金属在水环境中不易降解且随时间推移和人类活动逐渐积累，因此重金属对抗生素抗性基因转移扩散的促进作用应当引起重视。

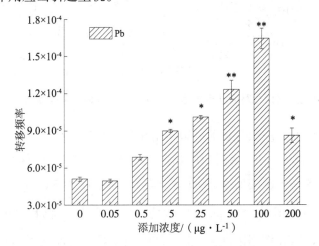

图 5-2　Pb 对抗生素抗性基因从供体菌 E.coli K12 向水样土著受体菌水平转移的影响

①　LI Y, ZHOU S L, ZHU Q, et al. One-century sedimentary record of heavy metal pollution in western Taihu Lake, China[J]. Environment pollution, 2018, 240: 709-716.
②　WANG W, FAN X K, HUANG C G, et al. Monitoring and comparison analysis of heavy metals in the five great lakes in Jiangsu Province[J]. Journal of lake sciences, 2016, 28(3): 494-501.

　　与 Cu、Pb、Zn 相反，在 Cd 暴露条件下，由 RP4 质粒介导的抗性基因的水平转移频率随 Cd 浓度的增加而降低（$p < 0.05$，S–N–K 检验），如图 5-3 所示。然而在 0.05 ～ 50 μg/L，水平转移频率随 Cd 浓度降低所产生的变化并不显著。Sivakumar Rajeshkumar 等人[1] 在对太湖水体、沉积物及水生生物中重金属含量及相关分析中指出，Cd 在太湖水体中含量为 0.10 ～ 1.44 μg/L。薛培英等[2] 在分析白洋淀水生态系统中重金属的污染分布特征时提到，Cd 仅在部分样点检出且浓度较低，为 0 ～ 0.3 μg/L。结合水环境中可检测到的 Cd 浓度可以看出，Cd 对抗生素抗性基因传播扩散产生的影响较其他重金属而言相对较小。

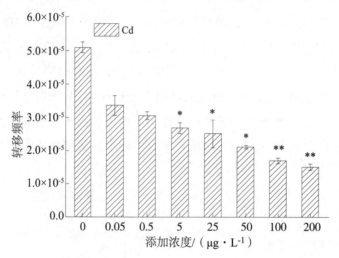

图 5-3　Cd 对抗生素抗性基因从供体菌 E.coli K12 向水样土著受体菌水平转移的影响

　　与 Zn、Cd、Pb 相比，Cu 促进微宇宙水环境系统中抗生素抗性基因水平转移的能力最强（图 5-4）。与对照组相比，抗性基因的水平转移频率随着 Cu 浓度的增加（0.05 ～ 5.0 μg/L）而增加，当 Cu 的浓度为 5.0 μg/L 时达到最大，为（8.20 ± 0.67）$\times 10^{-4}$，5.0 μg/L Cu 处理组为对照组质粒 RP4 的水平转移频率的 16 倍。而当 Cu 作用浓度为 25 ～ 200 μg/L 时，抗性基因的水平转移频率

① RAJESHKUMAR S, LIU Y, ZHANG X, et al. Studies on seasonal pollution of heavy metals in water, sediment, fish and oyster from the Meiliang Bay of Taihu Lake in China[J]. Chemosphere, 2017, 191(4): 626-638.

② 薛培英，赵全利，王亚琼. 白洋淀沉积物 – 沉水植物 – 水系统重金属污染分布特征 [J]. 湖泊科学，2018, 30(6): 1525-1536.

显著降低，且当 Cu 作用浓度为 200 μg/L 时，抗性基因的水平转移频率低于对照组。这说明高浓度的 Cu 对携带抗生素抗性基因的微生物产生了抑制作用，从而降低了抗性基因在细菌之间的传播扩散。

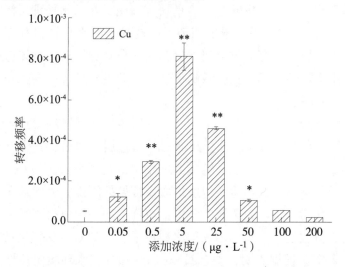

图 5-4　Cu 对抗生素抗性基因从供体菌 E.coli K12 向水样土著受体菌水平转移的影响

　　同时，在以裸露 RP4 质粒作为供体（浓度 5.0 μg/mL，相当于 E.coli 接合转移供体质粒 RP4 浓度）的水平转移体系中，实验组和对照组都未观察到自然转化。因此，我们合理推断，在重金属选择压力下，以质粒 RP4 介导的抗性基因在供体菌和土著受体菌之间只发生了接合转移，而非转化。

　　从 Wang 等人[①] 的研究中的定量数据可知，江苏省五大湖水体中所含 Cu 浓度为 $1.00 \sim 28.0$ μg/L。Wang 等人[②] 研究分析了蠡湖沉积物中重金属含量，发现蠡湖表层沉积物中 Cu 和 Pb 含量分别为 $13.56 \sim 73.93$ μg/g 和 $20.29 \sim 415.66$ μg/g。因此，水环境中可检测的 Cu 浓度超过了 Cu 影响抗生素

①　WANG W, FAN X K, HUANG C G, et al. Monitoring and comparison analysis of heavy metals in the five great lakes in Jiangsu Province[J]. Journal of lake sciences, 2016, 28(3): 494-501.

②　WANG S H, WANG W W, CHEN J Y. Geochemical baseline establishment and pollution source determination of heavy metals in lake sediments: A case study in Lihu Lake, China[J]. Science of the total environment, 2019, 657: 978-986.

抗性基因水平转移的最大促进浓度。同时，重金属不易降解且对环境微生物[1]具有长期的选择性压力，因此重金属能促进 ARGs 在水环境中的传播。研究表明，湘江地区重金属和抗生素含量均较高，且部分抗性基因与重金属（Cu、Zn）含量呈正相关关系。杨帆等人[2]的研究表明，在污水处理厂污泥厌氧消化反应中，Fe^0 的加入对质粒介导的四环类抗性基因的水平转移有一定的促进作用。因此，水环境中现存的重金属不仅会因其自身毒性对生物体造成危害，更会因其对抗生素抗性基因传播扩散的促进作用而对水环境中的生物体甚至人类健康产生一定威胁。

对比四种重金属（Cu、Cd、Pb、Zn）对 ARGs 水平转移的影响可以发现，除 Cd 对其产生了一定的抑制外，其他三种重金属均显著促进了 ARGs 的水平转移。三种重金属对 ARGs 水平转移促进作用由大到小依次为 Cu > Zn > Pb。基因水平转移是 ARGs 在环境中传播扩散最常见的原因，因此结合本研究结果可知，重金属作为 ARGs 的选择性压力，与抗生素一样值得重视。先前的定量环境数据研究只报道了一些 ARGs 与典型重金属（如 Cu、Zn）的显著相关性。在本研究中，实验证据表明，重金属 Cu、Pb、Zn 在水环境中诱导了抗性基因水平转移频率的增加，促进了 ARGs 的传播。

2.接合子的菌种鉴定

将筛选到的接合子通过平板划线法进行分离纯化培养，通过 PCR 扩增和 16SrRNA 测序以鉴定接合子的菌种。同时，鉴定水环境样本中的土著混合受体菌。结果显示接合子共有 19 种土著菌（表 5-3），可分为 5 个属，分别为不动杆菌属（Acinetobacter spp.）、产碱杆菌属（Alcaligenes spp.）、假单胞菌属（Pseudomonas spp.）、沙门菌属（Salmonella spp.）、微杆菌属（Microbacterium spp.）。此外，接合子中都检测到了质粒 RP4（由 TRAF 基因表示），这表明在部分重金属的暴露下，水环境内可培养的敏感土著菌都通过水平迁移而具有了质粒 RP4，从而促进了抗生素抗性基因在微宇宙水环境系统中的传播扩散。

---

[1]　MARTINEZ J L. Environmental pollution by antibiotics and by antibiotic resistance determinants[J]. Environmental pollution, 2009, 157(11): 2893-2902.

[2]　杨帆，徐雯丽，钱雅洁，等．零价铁对污泥厌氧消化过程中四环素抗性基因水平转移的作用影响[J]．环境科学，2018, 39(4): 1748-1755.

表 5-3　筛选到的可培养接合子种属

细菌种属	中文名称	菌株数	G⁺/G⁻
Acinetobacter	不动杆菌属	6	G⁻
Alcaligenes	产碱杆菌属	4	G⁻
Pseudomonas	假单胞菌属	5	G⁻
Salmonella	沙门菌属	2	G⁻
Microbacterium	微杆菌属	2	G⁺

注：G⁺ 表示革兰氏阳性菌；G⁻ 表示革兰氏阴性菌。

另外，通过对比接合子中革兰氏阳性菌（2 株）和革兰氏阴性菌（17 株）数量可以发现，水环境土著受体菌中革兰氏阴性菌更容易通过质粒 RP4 介导的水平转移获得抗性基因，从而使水环境中土著菌获得更多的抗性。土著菌携带抗生素抗性后，可能导致水环境中其他同属或跨属的细菌更容易获得这些抗性[1]。值得关注的是，接合子中革兰氏阴性菌不动杆菌属和沙门菌属均为条件致病菌，这可能会增加抗生素抗性基因向人类致病菌传播的风险，从而对人类健康产生威胁。

3. 接合子的最小抑菌浓度（MICs）分析

接合子的 MICs 为采用琼脂稀释法测定的抗生素的最低抑菌浓度。MICs 为与对照组相比，细菌生长被完全（100%）抑制下每种抗生素的最低浓度。对发生水平转移后的接合子和土著受体菌同时进行 8 种抗生素和 4 种重金属的最小抑菌浓度实验，图 5-5 展示了所有的分离菌中 MICs 值的范围。可培养的接合子（携带 RP4 质粒）对所有抗生素和重金属的最低抑菌浓度（MICs）显著高于可培养的土著受体菌。

[1]　COLOMER-LLUCH M, CALERO-CÁCERES W, JEBRI S, et al. Antibiotic resistance genes in bacterial and bacteriophage fractions of tunisian and spanish wastewaters as markers to compare the antibiotic resistance patterns in each population[J]. Environment international, 2014, 73: 167-175.

	可培养的接合子					可培养的土著受体菌				
氨苄西林	>256	128	>256	128	128	8	4	0.5	4	4
卡那霉素	>256	128	64	>256	64	16	4	4	8	4
四环素	>256	>256	64	>256	>256	8	4	4	4	4
磺胺二甲嘧啶	>256	256	>256	128	256	64	32	32	8	16
环丙沙星	64	64	64	32	32	16	8	4	4	4
罗红霉素	128	128	128	32	32	8	4	4	4	4
金霉素	128	128	32	32	64	32	32	4	16	16
链霉素	>256	32	32	32	64	64	32	2	16	0.125
Cu	>256	>256	>256	>256	>256	32	32	32	8	16
Cd	256	128	>256	64	128	16	16	16	8	16
Pb	64	>256	128	128	64	32	32	1	16	0.06
Zn	>256	128	>256	>256	>256	32	32	16	16	16
	Acinetobacter (n=6)	*Alcaligenes* (n=4)	*Pseudomonas* (n=5)	*Salmonella* (n=2)	*Microbacterium* (n=2)	*Acinetobacter*	*Alcaligenes*	*Pseudomonas*	*Salmonella*	*Microbacterium*

图 5-5　可培养接合子和可培养受体菌的最小抑菌浓度 /(mg·L⁻¹)

如图 5-5 所示，可培养的接合子对氨苄西林、卡那霉素、四环素显示出更强的耐药性，这归因于重金属诱导多重耐药质粒 RP4（Apᴿ、Kmᴿ 和 Tcᴿ）向土著受体菌进行了水平转移。可培养的接合子对其他抗生素（磺胺二甲嘧啶、环丙沙星、罗红霉素和金霉素）和重金属（Cu、Cd、Pb 和 Zn）的抗性也明显增强，这可能是重金属诱导的其他可移动遗传元件（如质粒、转座子和整合子）介导的水平转移的结果。可移动遗传元件在环境 ARGs 水平转移中起重要作用[1]。Yu 等人[2] 研究了城市生活垃圾填埋场渗滤液中四类可移动遗传元件（MGEs）与 ARGs 的关系，结果显示随填埋年限的增加，ARGs 的含量显著增

① LI L G, XIA Y, ZHANG T. Co-occurrence of antibiotic and metal resistance genes revealed in complete genome collection[J]. Isme journal, 2017, 11(3): 651-662.

② YU Z F, HE P J, SHAO L M, et al. Co-occurrence of mobile genetic elements and antibiotic resistance genes in municipal solid waste landfill leachates: A preliminary insight into the role of landfill age[J]. Water research, 2016, 106: 583-592.

加，且 MGEs 与 ARGs 的含量显著相关，Wu[1] 和 Su[2] 等人对 ARGs 和 MGEs 的相关分析研究也得到了相似的结果，即 ARGs 和 MGEs 之间存在正相关关系。

对比受体菌和接合子对各类抗生素和重金属的 MICs 的颜色变化程度可以发现，同属细菌对氨苄西林、卡那霉素、四环素的颜色变化较其他抗生素和重金属更明显，说明同属细菌对质粒 RP4 所携带的三种抗性变化最为明显。因此，可以推断重金属诱导多重耐药质粒 RP4（Ap^R、Km^R 和 Tc^R）发生水平转移的作用最为显著。

就不同种属的细菌而言，受体菌中微杆菌属（Microbacterium spp., G^+）对抗生素和重金属最为敏感，而其他菌属细菌的敏感性次之。接合子中沙门菌属（Salmonella spp., G^-）对抗生素和重金属的敏感度较微杆菌属（Microbacterium spp., G^+）略高。所有菌属的细菌中，接合子和受体菌中对抗生素和重金属敏感度最低的均为不动杆菌属（Acinetobacter spp., G^-），其次分别为产碱杆菌属（Alcaligenes spp., G^-）和假单胞菌属（Pseudomonas spp., G^-）。由此可以看出，革兰氏阴性菌较革兰氏阳性菌更容易接受抗生素抗性基因的转移扩散，从而获得耐药性。

[1]　WU Y, CUI E P, ZUO Y R, et al. Influence of two-phase anaerobic digestion on fate of selected antibiotic resistance genes and class I integrons in municipal wastewater sludge[J]. Bioresource technology, 2016, 211: 414-421.

[2]　SU H C, YING G G, TAO R, et al. Class 1 and 2 integrons, sul resistance genes and antibiotic resistance in Escherichia coli isolated from Dongjiang River, South China[J]. Environmental pollution, 2012, 169(15): 42-49.

第六章 智能污水处理监测系统设计

一、智能污水处理监测系统架构设计

智能污水处理监测系统是基于 CPS 架构实现的。当前阶段主要对 A2O 工艺流程中的好氧反应池提供智能化服务，对好氧反应池中的部分关键参数，如 DO 值、ORP 值、pH、温度值和曝气风机频率值等进行感知，并对前四个参数进行智能化监测。在此基础上，利用深度学习算法对关键工艺参数建模，预测出合适的曝气风机频率，从而实现准确曝气。结合 CPS 架构体系，可知采用融合了深度学习技术的 CPS 架构实现智能污水处理监测系统是完全可行的。

将 CPS 的三层架构设计理论体系运用到本研究当中就构成了如图 6-1 所示的架构图。在物理感知层主要由底层设备、传感仪器（如温度、pH、DO、ORP 等测量传感仪器）对 A2O 工艺中的好氧反应池进行实时感知。

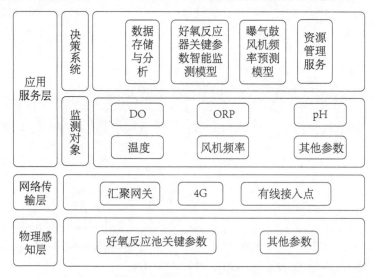

图 6-1 智能污水处理监测系统的 CPS 架构图

二、智能污水处理监测系统总体方案设计

通过感知模块获取底层数据，经由汇聚节点按照自定义协议进行封装，然后发送到云服务器端口上，部署在云服务器上的监测系统对端口上接收到的数据进行解析存储，监测系统便能进行数据的智能化监测服务和智能化曝气服务等。系统总体方案如图 6-2 所示。

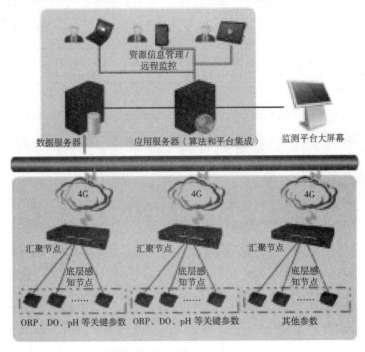

图 6-2　总体方案设计

底层感知节点对 A2O 工艺中的关键参数，如 ORP、DO、pH、风机频率等进行感知，然后把数据按照约定好的协议封装，再通过 4G 网络传输至数据服务器。应用服务器中部署了基于 Flask 搭建的算法服务接口和智能污水处理监测系统，LSTM 工艺参数监测模型和 PSOGA-LSTM 频率预测模型对传输进来的数据进行计算处理并将结果返回给监测系统，结果中包括了关键参数的状态和合理的曝气鼓风机频率。然后，应用服务器将预测出来的频率发回至智能感知模块，智能感知模块再将频率写入 PLC，从而实现曝气的控制。这样管理员能够在客户端利用监测系统对仓库和人员进行管理。

三、智能污水处理监测系统软件实现

智能污水处理监测系统软件是对 CPS 系统的应用服务层进行实现，在此之前，首先要完成物理感知层对数据的感知、封装和传输层对数据的发送。该系统的软件整体是基于 SSM 框架进行实现的，其中部分逻辑功能的实现还涉及其他框架，如 Netty、Flask。整个监测系统结构如图 6-3 所示。

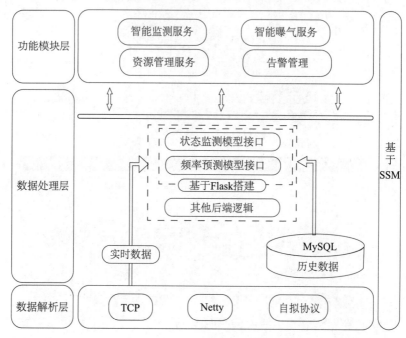

图 6-3　监测系统结构图

由图 6-3 可知，系统结构分为数据解析层、数据处理层和功能模块层。数据解析层对传输层通过 TCP 协议发送的数据进行解析，解析过程根据事先拟定好的协议进行。数据被解析完成之后，存入数据库。在数据处理层，利用 Flask 框架搭建了智能监测服务的算法接口和曝气风机频率预测的算法接口，将算法模型所需的数据传入接口中，接口直接将计算结果返回给功能模块层，除此之外在数据处理层还包含了一些其他后端逻辑。功能模块中包含了智能监测服务、智能曝气服务、告警管理等。

（一）软件平台架构

服务端软件的设计采用 B/S 架构（浏览器 / 服务器架构）。近年来，随着

互联网技术的迅猛发展，采用B/S架构开发的应用功能越来越强大①。该结构可以进行信息分布式处理，能有效提高系统性能。用户只需要通过能接入网络的（前端）浏览器便可以访问服务，应用逻辑都放在性能更好的服务器上。

　　智能污水处理监测系统采用SSM技术框架实现B/S架构。SSM指Spring、Spring MVC和MyBatis。Spring通过依赖注入（Dependency Injection）管理各层组件，通过面向切面编程（AOP）进行事务管理、日志管理和权限管理等。Spring MVC代表了模型（Model）、视图（View）和控制器（Controller），对系统中的请求进行分发和处理②。MyBatis作为数据库持久化框架，负责智能污水处理监测系统中的数据交互。监测系统的响应流程图如图6-4所示。

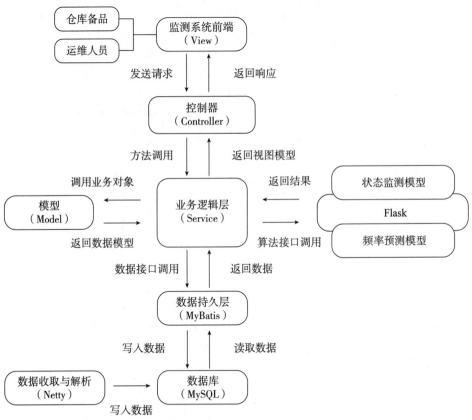

图6-4　监测系统响应流程图

　　由图6-4可知，Netty完成对采集数据的接收与解析工作，并将解析后的

①　熊宇梁.基于BS架构的IT资源监控系统的设计与实现[D].北京：北京邮电大学,2014.

②　杨增辉.面向切面编程技术在学生工作管理系统中的应用研究[D].重庆：重庆大学,2010.

数据存入数据库。系统的业务逻辑层通过 MyBatis 与逻辑功能或者算法接口交互所需的数据，待模型计算完结果之后，通过 Controller 将结果返回给前端页面。图 6-5 是搭建的项目结构，包括了监测系统的前端交互和后端各种逻辑代码。

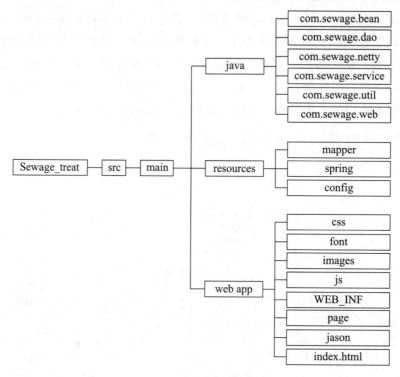

图 6-5　监测系统项目结构

本智能监测系统算法模型采用 Python 编写，后台逻辑语言主要采用 Java，算法调用通过 Flask 搭建的 HTTP 接口供后台程序实现。本系统主要实现了智能监测服务、智能曝气服务、告警管理和资源管理服务。系统的主要开发环境配置如表 6-1 所示。

表 6-1　系统主要开发环境

名　称	版本号	备　注
Windows 10	1806	项目开发的操作系统环境
JDK	1.8.0_144	Java 语言的软件开发工具包
IntelliJ IDEA	2018.3.6	监测系统前后台开发工具

续　表

名　称	版本号	备　注
Python	3.6	Python 语言的软件开发工具包
Keras	2.2.4	基于 Python 的深度学习库
TensorFlow（GPU 版本）	1.8.0	深度学习框架支持 Python 和 C++
Flask	1.1.0	Python 编写的轻量级 Web 应用框架
Ubuntu Server	18.04	监测系统部署的服务端操作系统
Tomcat	8.5.51	监测系统部署的应用服务器
PyCharm	2018.3.5	Python 的集成开发环境
MySQL	5.7.27	数据库

（二）数据解析与存储服务实现

1. 基于 Netty 框架的 TCP 服务端实现

Netty 是一个异步的、事件驱动的网络应用程序框架，使用 Netty 能快速简便地开发一个网络应用程序，如基于某种协议的客户端或服务端应用[①]。使用 Netty 开发应用十分快速简便，而且不会产生维护或者性能上的问题，因为 Netty 结合了多种协议（如 FTP、SMTP、HTTP 等各种二进制文本协议），由工程师精心设计。Netty 的服务端创建步骤如图 6-6 所示。

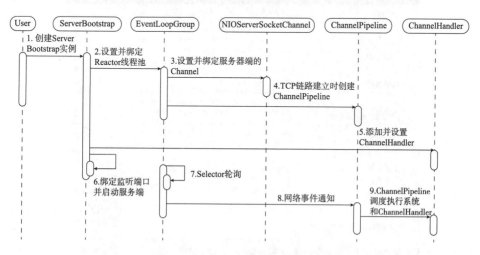

图 6-6　Netty 服务端的创建流程

---

① 魏莹 . 基于 Netty 框架的智能终端与服务器通信的研究 [D]. 西安：西安电子科技大学 ,2017.

由图 6-6 可知，Netty 服务端的创建包括九步。第一步：创建 ServerBootstrap 实例，该实例是服务端的启动辅助类。第二步：设置并绑定 Reactor 线程池，Netty 的线程池是由 EventLoop 构成的数组，被称作 EventLoopGroup。EventLoop 的主要作用是负责处理注册到该线程的 Selector（多路复用器）上的 Channel。Reactor 线程池有两个，其中一个负责调度和执行客户端的接入，另一个负责网络事件的处理、用户自定义任务和定时任务的执行。第三步：设置并绑定服务器端的 Channel。Netty 对 Java 原生的 NIO 类进行了再次封装，在系统启动的时候创建 ServerSocketChannel 以监听服务器收取数据的端口。第四步：当污水处理厂现场的智能感知模块建立了 TCP 链路连接，立即创建 ChannelPipeline，用于负责管理和执行 ChannelHandler 以处理网络事件。第五步：添加并设置 ChannelHandler，通过该组件，用户能对 Netty 进行定制和扩展，在 ChannelHandler 中完成对数据包的验证、解析工作。第六步：绑定监听端口并启动服务端，监听污水处理厂现场客户端的连接。第七步：多路复用器进行轮询，选择准备就绪的 Channel 集合。第八步：轮询成功之后，触发 ChannelPipeline 执行。第九步：ChannelPipeline 调度执行系统和 ChannelHandler，完成对封装数据的验证、解析和持久化。服务端搭建完成之后，利用网络测试助手对服务端进行测试，如图 6-7 所示，客户端向服务端发送测试信息，服务端收到后会返回响应的信息。

图 6-7　Netty 服务端通信测试

Netty 创建服务端的流程较为固定，能使开发者快速地搭建一个服务端。创建完毕之后，对 Netty 进行一些初始化设置，添加了自定义的解码器，根据自拟的协议进行解码，添加了自定义的 Handler 处理器，对解析得到的数据进行验证、持久化等操作。

2. 数据的解析实现

针对污水处理厂现场的数据，在智能感知模块中按照约定好的协议对数据进行封装，传输至云服务器端口，数据封装协议如表 6-2 所示。

表 6-2　数据封装协议

帧　头	cmd	TankID	DataLength	Data			CRC	尾　帧
				Len	ParamNo	ParamValue		
0x68	1 Byte	4 Byte	2 Byte	1 Byte	2 Byte	可变	2 Byte	0x0D

帧头：一个字节长度，表示数据标志位。服务端程序不解析不以 0x68 作为标志位的数据。

cmd：一个字节长度，表示命令代码。0x00 表示心跳包，作用是判断底层与服务器端的通信链路是否断开，此时 Data 为空。0x01 表示该段数据包含了采集的工艺参数和能效等参数。0x02 表示内部错误，可能存在某个参数缺失等问题。

TankID：四个字节长度，表示数据的来源，用于判断数据来源于哪个箱体设备里的曝气池。

DataLength：两个字节，表示采集的参数的长度。

Data：长度可变，表示参数的内容，每个参数都包含了 Len、ParamNo 和 ParamValue，分别表示该参数的长度、参数编号和参数值。

CRC：两个字节，表示循环冗余校验码，用于检测数据传输过程中或者保存后可能出现的错误。

尾帧：两个字节，表示数据结束位[①]。

在智能感知模块里将数据按照上述协议封装之后，在服务端启动基于 Netty 搭建的服务端程序，经过 TCP 三次握手之后，建立了 TCP 连接，上述协议的解析程序已经写入服务端程序里，解析的过程如图 6-8 所示。

---

① 蔡汉斌. 基于 CPS 的制曲智能制造系统设计及方法研究 [D]. 成都：电子科技大学,2018.

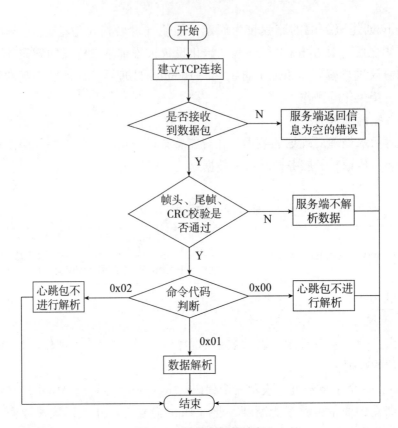

图 6-8　数据包解析流程

服务端在端口收不到数据会返回为空的错误信息，对于收到的数据，首先校验帧头和尾帧，然后完成 CRC 校验。校验通过之后进行命令代码的判断，如果是 0x00，则说明该数据包是心跳包，服务端则不做处理，反之则为采集的数据包，然后完成解析。通过 Netty 编写的服务端程序不仅能完成对底层客户端数据的接收，还能完成对底层客户端数据的解析。

3.数据持久化实现

完成了对污水处理现场数据的接收和解析之后，就要进行数据的持久化操作。要完成持久化操作，首先需要进行数据的设计，然后再将解析得到的数据写入数据库。

在本系统中数据库除了要存储 A2O 工艺中的关键参数，还要存储监测系统运行管理的数据，如运维人员信息、仓库中备品的数据等。下面将对部分主要涉及的数据库表进行介绍。为了提升数据库查询速度，还为部分在程序中经常被查询的字段建立了索引。

表 proc_param_1 记录了 1 号箱体式处理设备中好氧反应池中的关键工艺参数，具体信息如表 6-3 所示。对于箱体 n，将表命名为 proc_param_n。同时，表 proc_param_1 还对应有一个名为 proc_param_1_test 表，用于测试。

表 6-3　关键工艺参数表

字　段	类　型	允许 null	键特性	备　注
id	int()	no	pk	记录编号
date	timestamp	no		采集时间
orp	double(16)	yes		氧化还原电位
do	double(16)	yes		溶解氧浓度
ph	double(16)	yes		pH
temp	double(16)	yes		温度值
frequency	double(16)	yes		曝气风机频率

表 warehouse 记录了仓库的一些备品数量以及详细信息，具体参数如表 6-4 所示。

表 6-4　仓库备品记录表

字　段	类　型	允许 null	键特性	备　注
id	int(11)	no	pk	产品编号
name	varchar(255)	no		备品名称
specification	varchar(255)	yes		详细规格参数
origin	varchar(255)	yes		产地
unit	varchar(255)	yes		单位
count	int(11)	yes		数量

表 employee 记录了污水处理站运维人员的信息，具体信息如表 6-5 所示。

表6-5　运维人员记录表

字　段	类　型	允许 null	键特性	备　注
id	int(11)	no	pk	人员编号
name	varchar(255)	no		名称
sex	varchar(255)	yes		性别
tel	varchar(255)	no		电话
email	varchar(255)	yes		邮箱
department	varchar(255)	yes		部门
group	varchar(255)	yes		组别

表 users 记录了该智能监测系统具有管理员权限的人员信息，详细信息如表 6-6 所示。

表6-6　系统管理员记录表

字　段	类　型	允许 null	键特性	备　注
id	int(11)	no	pk	用户编号
name	varchar(255)	no		用户名
password	varchar(255)	no		密码
tel	varchar(255)	no		电话
authority	int(11)	no		权限级别
email	varchar(255)	no		邮箱

表 alarm-records 记录了历史的报警信息，包括了报警日期、报警详情等，具体信息如表 6-7 所示。

表6-7　报警记录表

字　段	类　型	允许 null	键特性	备　注
id	int(11)	no	pk	报警编号
date	timestamp	no		日期
param	varchar(255)	no		参数
alarm_info	varchar(255)	no		报警信息
detail	varchar(255)	no		报警详情

在 MySQL 建立数据库 sewage_treatment，然后按照设计的字段和属性建立表格，创建表格的 SQL 语句就不在此赘述。创建完成的部分数据库表如图 6-9 所示。

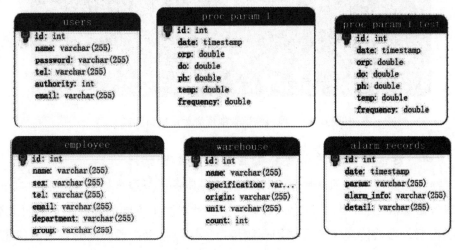

图 6-9　主要数据库表

（三）算法模型服务接口搭建

用深度学习框架 Keras 提供的函数 save() 可以方便快捷地将模型和权重保存在 HDF5 文件中，该文件中包含了模型的结构、权重、训练配置的参数、优化器的状态。考虑到系统只需要搭建两个接口，且系统后台与接口的交互只涉及两种类型的模型，因此考虑使用 Flask 搭建 HTTP 接口。Flask 是一个使用 Python 语言编写的轻量级 Web 应用框架。可将算法模型搭建成基于 HTTP 协议的服务接口，以便于系统后台调用。

这种形式的优点是简单方便，开发速度快。针对上述两种模型设计了两个 API，借助 RESTClient 对封装的两种接口进行随机测试，接口均能在后台调用模型进行计算并成功返回结果，为接下来的功能实现奠定了基础。监测算法接口和频率预测算法接口测试如图 6-10 和图 6-11 所示。

图 6-10　关键参数智能监测算法接口测试

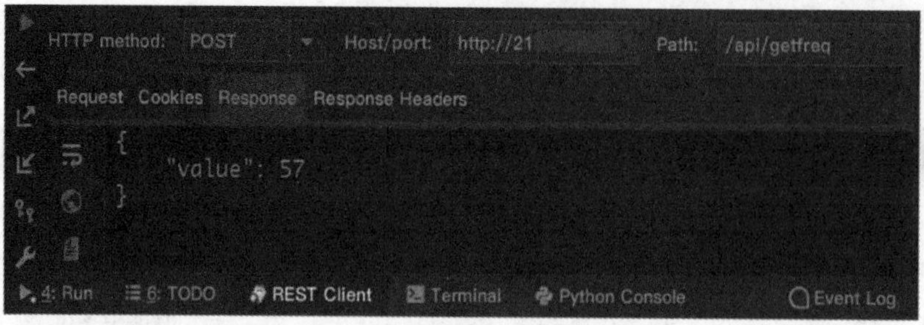

图 6-11 风机频率智能预测算法接口测试

（四）污水处理工艺参数智能监测服务实现

物理感知层不断地从底层获取数据并将其发送至服务器端口，利用 Netty 完成数据解析之后，将数据存入数据库中。针对四个不同的参数建立了四个不同的模型，参数传递完成后调用算法接口，接口会直接返回此时参数的状态。图 6-12 是针对四个参数的智能化监测界面。如果出现异常，状态会显示异常，并在监测系统主界面的报警记录中显示。

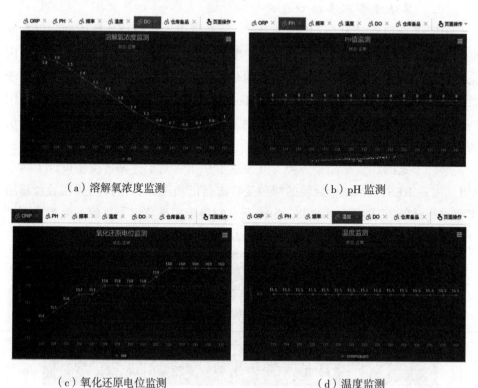

（a）溶解氧浓度监测　　　　　　　　　　　　　（b）pH 监测

（c）氧化还原电位监测　　　　　　　　　　　　（d）温度监测

图 6-12 智能监测服务实现

（五）基于 PSOGA-LSTM 的鼓风机频率预测控制服务实现

所采用的方案可以代替人工控制，工作人员通过在 PLC 中设置频率值来达到控制风机的目的，直接将风机频率预测值写入 PLC 中存储风机频率的 DB（数据块）中，这一过程模拟了手动设置频率的过程。首先通过智能感知模块获取工艺参数，系统后台根据风机频率预测模型的 API 整理参数，然后后台调用 API 计算出风机频率，曝气风机频率预测如图 6-13 所示。

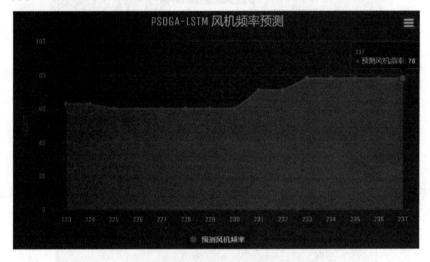

图 6-13　曝气风机频率预测

PSOGA-LSTM 预测出风机频率后，按照图 6-14 的流程写入 PLC。

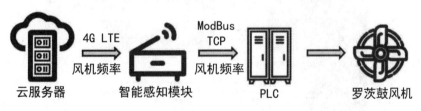

图 6-14　频率设置示意图

由图 6-14 可知，云服务器会将频率值通过网络传至智能感知模块，该模块通过工业以太网与 PLC 通信，该模块直接将频率值写入 PLC 中频率对应的 DB 块，该过程可以看作模拟人工进行频率值设定的过程，与原有的通过观察污泥颜色、形态来控制频率不同的是该频率是通过 PSOGA-LSTM 模型计算得出的。

（六）监测系统主页功能实现

系统的登录界面如图 6-15 所示。

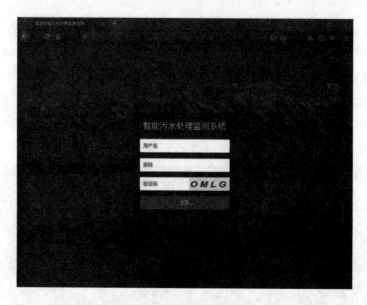

图 6-15　系统登录界面

登录系统之后会进入智能污水处理监测系统主页，最先展示出的是参数监测子页面，如图 6-16 所示。

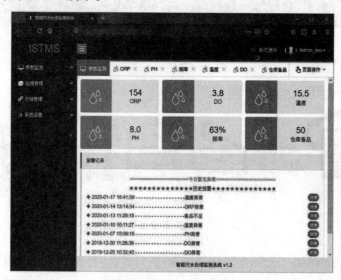

图 6-16　参数监测界面

点击对应的参数状态可以查看监测参数的实时曲线。对于历史报警记录，系统只显示一开始出现异常的时间点，点击"详情"可以看到对应的异常时间段及状态等。

参考文献

[1] BAKER-AUSTIN C, WRIGHT M S, STEPANAUSKAS R, et al. Co-selection of antibiotic and metal resistance[J]. Trends in microbiology, 2006, 14(4): 176-182.

[2] BATT A L, SNOW D D, AGA D S. Occurrence of sulfonamide antimicrobials in private water wells in Washington County, Idaho,USA[J]. Chemosphere, 2006, 64 (11): 1963-1971.

[3] BROWN K D, KULIS J, THOMSON B, et al. Occurrence of antibiotics in hospital, residential, and dairy effluent, municipal wastewater, and the Rio Grande in New Mexico[J]. Science of the total environment, 2006, 366(2-3): 772-783.

[4] RANDALL C W, BUTH D. Nitrite build-up in activated sludge resulting from temperature effects[J]. Water pollution control federation, 1984, 56(9): 1039-1044.

[5] CHAO Y, MAO Y, WANG Z, et al. Diversity and functions of bacterial community in drinking water biofilms revealed by high-throughput sequencing[J]. Scientific reports, 2015, 5(1): 271-280.

[6] CHENG W X, LI J N, WU Y, et al. Behavior of antibiotics and antibiotic resistance genes in eco-agricultural system: A case study[J]. Journal of hazardous materials, 2016, 304: 18-25.

[7] COLOMER-LLUCH M, CALERO-CÁCERES W, JEBRI S, et al. Antibiotic resistance genes in bacterial and bacteriophage fractions of tunisian and spanish wastewaters as markers to compare the antibiotic resistance patterns in each population[J]. Environment international, 2014, 73(dec.): 167-175.

[8] DING C S, PAN J, JIN M, et al. Enhanced uptake of antibiotic resistance genes in the presence of nanoalumina[J]. Nanotoxicology, 2016, 10(8): 1051-1060.

[9] DWYER D J, KOHANSKI M A, COLLINS J J. Role of reactive oxygen species in antibiotic action and resistance[J]. Current opinion in microbiology, 2009, 12(5): 482-489.

[10] MENG F G, GAO G H, YANG T T, et al. Effects of fluoroquinolone antibiotics on reactor performance and microbial community structure of a membrane bioreactor[J]. Chemical engineering journal, 2015, 280: 448–458.

[11] FDZ–POLANCO FVILLAVERDE D, GARCIA P A. Temperature effect on nitrifying bacteria activity in biofilers : activation and free ammonia inhibition[J]. Water science technology, 2003, 30(11): 121–130 .

[12] GUO M T , YUAN Q B, YANG J. Distinguishing effects of ultraviolet exposure and chlorination on the horizontal transfer of antibiotic resistance genes in municipal wastewater[J]. Environmental science technology, 2015, 49(9): 5771–5778.

[13] HAMSCHER G, SCZCSNY S, HOPER H, et al. Determinationof persistent tetracycline residues in soil fertilized withliquid manure by high–performance liquid chromatographywith electrospray ionization tandem mass specirometry[J]. Analytical Chemistry, 2002, 74 (7) : 1509–1518.

[14] HARTMANN A, ALDER A C, KOLLER T, et al. Identifiealion of fiuoroquinolone antibiotics as the main source of human genotoxicity in native hospilal wastewater[J]. Environmental toxicology anti chemistry, 1998, 17: 377–382.

[15] HAUSNER M, WUERTZ S. High rates of conjugation in bacterial biofilms as determined by quantitative in situ analysis[J]. Applied and environmental microbiology, 1999, 65(8): 3710–3713.

[16] SCHMIDT–BÄUMLER T, STAN H J. Occurrence and dislribution of organic contaminants in the aquatic system in Berlin. Part I : drug residues and other Polar contaminants in Berlin surface and ground water[J]. Acia gydroehim hydrobiol, 1998, 26: 272–278.

[17] HIRSCH R, TERNES T, HABERER K, et al. Occurrence of antibiotics in the aquatic environment[J]. Sciencc of the total environment, 1999, 225 (1–2): 109–118.

[18] HOODA H, NANDA R. Implementation of k–Means clustering algorithm in CUDA[J]. International journal of enhancod research in management & computer applications, 2014, 3(9): 15–24.

[19] HUANG F, PAN L Q, SONG M S, et al. Microbiota assemblages of water, sediment, and intestine and their associations with environmental factors and shrimp physiological health[J]. Applied microbiology and biotechnology, 2018, 102: 8585–8698.

[20] HΦVERSTAD T, CARLSTEDT–DUKE B, LINGAAS E, et al. Influence of oral intake of seven different antihioticson faecal short–chain fatty acid excretion in healthy subjects scandinavian[J]. Midtvcdt scandinavian journal of gastroenterology, 1986, 21(8): 997–1003.

[21] JIA Y, CHEN W, ZUO Y, et al. Heavy metal migration and risk transference associated with cyanobacterial blooms in eutropHic freshwater[J]. Science of the total environment, 2018, 613(feb.1): 1324–1330.

[22] KUMMERER K. Drugs in the environment: emission of drugs, diagnostic aids and disinfectants into wastewater by hospitals in relation to other sources review[J]. Chemosphere, 2001, 45: 957–969.

[23] LEDERBERG J. Replica plating and indirect selection of bacterial mutants[J]. Bacteriol, 1952, 63(3): 399–406.

[24] LEE K Y, JEON S Y, HONG J W, et al. Human health risk assessment (HHRA) for environmental development and transfer of antibiotic resistance[J]. Environmental health perspectives, 2013, 121(9): 993–1001.

[25] LI J N, CHENG W X, XU L K, et al. Occurrence and removal of antibiotics and the corresponding resistance genes in wastewater treatment plants: effluents' influence to downstream water environment[J]. Environmental science pollution research, 2016, 23(7): 6826–6835.

[26] LI L G, XIA Y, ZHANG T. Co–occurrence of antibiotic and metal resistance genes revealed in complete genome collection[J]. Isme journal, 2017, 11(3): 651–662.

[27] LI Y, ZHOU S L, ZHU Q, et al. One–century sedimentary record of heavy metal pollution in western Taihu Lake, China[J]. Environment pollution, 2018, 240(SEP.): 709–716.

[28] LV L, YU X, XU Q, et al. Induction of bacterial antibiotic resistance by mutagenic halogenated nitrogenous disinfection byproducts[J]. Environmental pollution, 2015, 205(OCT.): 291–298.

[29] MARTINEZ J L. Environmental pollution by antibiotics and by antibiotic resistance determinants[J]. Environmental pollution, 2009, 157(11): 2893–2902.

[30] MARTINEZ–CARBALLO E, GONZALEZ–BARREIRO C, SCHARF S, et al. Environmental monitoring study of select–ed veterinary antibiotics in animal manure and soils in Austria[J]. Environmental pollution, 2007, 148 (2): 570–579.

[31]   MECHICHI T , STACKEBRANDT E, FUCHS G, et al. Phylogenetic and metabolic diversity of bacteria degrading aromatic compounds under denitrifying conditions, and description of thauera phenylacetica sp. nov., thauera aminoaromatica sp. nov., and azoarcus buckelii sp. nov. [J]. Archives of microbiology, 2002, 178(1): 26–35.

[32]   GENERAL C. Test NO. 308: aerobic and anaerobic transformation in aquatic sediment systems[J]. OECD guidelines for testing of chemicals, 2006, 1(3): 1–19.

[33]   RAJESHKUMAR S, LIU Y, ZHANG X, et al. Studies on seasonal pollution of heavy metals in water,sediment, fish and oyster from the Meiliang Bay of Taihu Lake in China[J]. Chemosphere, 2017, 191(4): 626–638.

[34]   RICHARDSON M L, BOWRON J M. Diet and humoral responsiveness of lines of chickens divergently selected for antibody response to sheep red blood cells[J]. Journal of pharmacy and pharmacology, 1985, 37 (1): 1–12.

[35]   SATORU S, MIDORI K, TETSURO A, et al. Vanadium accelerates horizontal transfer of tet(M) gene from marine photobacterium to escherichia coli[J]. Fems microbiology letters, 2012, 336(1): 52–56.

[36]   SIVER E C, WANG B, PARCSI G, et al. Priortisation of odorants emittde form sewera using odour activity values[J]. Water research, 2016, 88: 308–321.

[37]   SONG C, SUN X F, WANG Y K, et al. Fate of tetracycline at high concentrations in enriched mixed culture system: biodegradation and behavior[J]. Journal of chemical technology & biotechnology, 2016, 91(5): 1562–1568.

[38]   SU H C, YING G G, TAO R, et al. Class 1 and 2 integrons, sul resistance genes and antibiotic resistance in escherichia coli isolated from Dongjiang River, South China[J]. Environmental pollution, 2012, 169(15): 42–49.

[39]   BOECKEL T P V, BROWER C, GILBERT M, et al. Global trends in antimicrobial use in food animals[J]. Proceedings of the national academy of sciences, 2015, 112(18): 5649–5654.

[40]   WANG R Y, ZHOU X H, SHI H C. Triple functional DNA–protein conjugates: Signal probes for Pb^{2+} using evanescent wave–induced emission[J]. Biosensors and bioelectronics, 2015, 74: 78–84.

[41]   WANG S H, WANG W W, CHEN J Y. Geochemical baseline establishment and pollution source determination of heavy metals in lake sediments: A case study in Lihu Lake, China[J]. Science of the total environment, 2019, 657: 978–986.

[42]   WANG S Z, WANG J L. Biodegradation and metabolic pathway of sulfamethoxazole by a novel strain Acinetobacter sp.[J]. Applied microbiology and biotechnology, 2018, 102(1): 425–432.

[43]   WANG W, FAN X K, HUANG C G, et al. Monitoring and comparison analysis of heavy metals in the five great lakes in Jiangsu Province[J]. Journal of lake sciences, 2016, 28(3): 494–501.

[44]   WEN Q, YANG L, DUAN R, et al. Monitoring and evaluation of antibiotic resistance genes in four municipal wastewater treatment plants in Harbin, Northeast China[J]. Environmental pollution, 2016, 212: 34–40.

[45]   WIKLER M A. Performance standards for antimicrobial susceptibility testing: Sixteenth informational supplement[S]. Pittsburgh: Clinical and Laboratory Standards Institute, 2006.

[46]   WU Y, CUI E P, ZUO Y R, et al. Influence of two–phase anaerobic digestion on fate of selected antibiotic resistance genes and class I integrons in municipal wastewater sludge[J].Bioresource technology, 2016, 211: 414–421.

[47]   XIANWEI W, JU H, ZICHUAN L, et al. Thiothrix eikelboomii interferes oxygen transfer in activated sludge[J]. Water research, 2019,151:134–143.

[48]   XU WH, ZHANG G, LI XD, et al. Occurrence and elimination of antibiotics at four sewage treatment plants in the Pearl River Delta (PRD). South China[J]. Water research, 2007, 41(18): 4526–4534.

[49]   YANG D, WANG J, QIU Z, et al. Horizontal transfer of antibiotic resistance genes in a membrane bioreactor[J]. Journal of biotechnology, 2013, 167(4): 441–447.

[50]   YU Z F, HE P J, SHAO L M, et al. Co–occurrence of mobile genetic elements and antibiotic resistance genes in municipal solid waste landfill leachates: A preliminary insight into the role of landfill age[J]. Water research, 2016, 106: 583–592.

[51]   ZHANG T, SHAO M, Ye L. 454 pyrosequencing reveals bacterial diversity of activated sludge from 14 sewage treatment plants[J]. Isme journal, 2012, 6(6): 1137–1147.

[52]   敖继军, 张广利. 电力通信技术分析 [J]. 中国科技博览, 2009(30): 275.

[53]   蔡汉斌. 基于 CPS 的制曲智能制造系统设计及方法研究 [D]. 成都: 电子科技大学,2018.

[54]   蔡丽云, 须子唯, 黄宇, 等. 延时曝气 SBR 工艺处理垃圾渗滤液的脱氮微生物研究 [J]. 化学工程师, 2019, 33(2): 40–42.

[55] 蔡文.可拓论及其应用[J].科学通报,1999,44(7):673–682.

[56] 陈昇,董元华,王辉,等.江苏省畜禽粪便中磺胺类药物残留特征[J].农业环境科学学报,2008(1):385–389.

[57] 成敏.高效除磷活性污泥中功能菌解析及其除磷基因组学基础研究[D].西安:西安建筑科技大学,2018.

[58] 董巍.基于GSM/GPRS的WCDMA移动通信网无线规划分析设计[D].济南:山东大学,2008.

[59] 樊引琴,李婳,刘婷婷,等.物元分析法在水质监测断面优化中的应用[J].人民黄河,2012,34(11):82–84.

[60] 甘美君,曾庆鹏,王海蓉,等.脱氮菌Flavobacterium sp.FL211T的筛选与硝化特性研究[J].环境保护与循环经济,2017,37(11):16–21.

[61] 甘宇,殷实,王辉,等.物元分析法的改进及在辽河干流水质监测断面优化中的应用[J].环境监测管理与技术,2017,29(3):8–12.

[62] 郭晓琪,吕永,覃卫星.广州市垃圾转运站恶臭物质氨和硫化氢的含量测定[J].环境卫生工程,2009,17(S1):8–83,86.

[63] 姜厚竹.松花江流域省界缓冲区水质监测指标与断面优化[D].哈尔滨:东北林业大学,2017.

[64] 蒯圣龙.水污染与水质监测[M].合肥:合肥工业大学出版社,2013.

[65] 李蒙.基于物元分析的供应链绩效评价研究[D].西安:长安大学,2011.

[66] 林红军,王悦,张润.水环境监测与评价[M].成都:四川大学出版社,2017.

[67] 刘甜巧,许建光,黑亮.在线恶臭电子鼻在臭气浓度监测中的应用[J].环境科学导刊,2012(6):127–130.

[68] 张旭东,夏旭彬.深圳市生活垃圾处理设施恶臭在线监测系统的建设与应用[J].环境与可持续发展,2015,40(6):71–73.

[69] 刘艳霖.水环境监测项目训练[M].北京:中国环境科学出版社,2015.

[70] 孟德良,刘建广.污水处理厂的能耗与能量的回收利用[J].给水排水,2002,28(4):18–20.

[71] 牛学义,张申旺,王旺.德法两国与我国在污水厂设计建设和运行方面的比较[J].给水排水,2001,27(3):22–25.

[72] 屈宜春,关庆利.水质监测优化布点的物元分析法[J].黑龙江水利科技,1998,1(20):50–51,55.

[73] 苏小莉.磺胺甲恶唑厌氧降解菌群的富集及降解特性研究[D].哈尔滨:哈尔滨工业大学,2019.

[74] 孙广大，苏仲毅，陈猛，等 . 固相萃取 – 超高液相色谱 – 串联质谱同时分析环境水样中四环素类和喹诺酮类抗生素 [J]. 色谱，2009, 27 (1): 54–58.

[75] 孙永利 . SB 反工艺硫化物气体产生机理试验研究 [D]. 重庆 : 重庆大学，2001.

[76] 谭曲 . EPL 工业以太网协议性能分析及其在 DCS 系统中的应用 [D]. 杭州 : 浙江大学，2014.

[77] 汤锴杰，栗灿，王迪，等 . 基于 DS18B20 的数字式温度采集报警系统设计 [J]. 传感器与微系统，2014, 33(3): 99–102.

[78] 王辉，刘春跃，荣璐阁，等 . 辽河干流水环境质量监测网络优化研究 [J]. 环境监测管理与技术，2018, 30(3): 17–21.

[79] 王静 . 湟水水环境监测断面优化设置研究 [J]. 青海环境，2002, 12(1): 27–29.

[80] 魏莹 . 基于 Netty 框架的智能终端与服务器通信的研究 [D]. 西安 : 西安电子科技大学，2017.

[81] 席劲琪，胡洪营，罗彬，等 . 城市污水处理厂主要恶臭源的排放规律研究 [J]. 中国给水排水，2006(21): 99–103.

[82] 肖中新 . 安徽省辖淮河流域省控地表水环境监测点位优化研究 [D]. 合肥 : 合肥工业大学，2008.

[83] 熊宇梁 . 基于 BS 架构的 IT 资源监控系统的设计与实现 [D]. 北京 : 北京邮电大学，2014.

[84] 薛培英，赵全利，王亚琼 . 白洋淀沉积物 – 沉水植物 – 水系统重金属污染分布特征 [J]. 湖泊科学，2018, 30(6): 1525–1536.

[85] 杨帆，徐雯丽，钱雅洁，等 . 零价铁对污泥厌氧消化过程中四环素抗性基因水平转移的作用影响 [J]. 环境科学，2018, 39(4): 1748–1755.

[86] 杨小兵 . 聚类分析中若干关键技术的研究 [D]. 杭州 : 浙江大学，2005.

[87] 杨增辉 . 面向切面编程技术在学生工作管理系统中的应用研究 [D]. 重庆 : 重庆大学，2010.

[88] 姚运先 . 水环境监测 [M]. 北京 : 化学工业出版社，2015.

[89] 于鲲，张海军，李锦生 . 混凝沉淀 + 水解酸化 +BardenpHo+MBR+RO 组合工艺处理 TFT–LCD 生产废水 [J]. 给水排水，2017, 53(3): 68–73.

[90] 余飞，冯宇刚，顾长恂 . 控制与保护开关电器用 4 ～ 20 mA 标准电流输出电路 [J]. 电器与能效管理技术，2014(19): 19–23.

[91] 翟敏婷，辛卓航，韩建旭，等 . 河流水质模拟及污染源归因分析 [J]. 中国环境科学，2019, 39(8): 3457–3464.

[92] 张宝军 . 水环境监测与评价 [M]. 2 版 . 北京 : 高等教育出版社，2015.

[93] 张恩会 . 基于灰色关联与系统聚类的空气质量影响因素分析 [D]. 湘潭 : 湘潭大学 , 2019.

[94] 张慧敏 , 章明奎 , 顾国平 . 浙北地区畜禽粪便和农田土壤中四环素类抗生素残留 [J]. 生态与农村环境学报 , 2008(3): 69–73.

[95] 张青春 . 高阻运放 CA3140 在压电式加速度传感器信号调理电路中的应用 [J]. 制造业自动化 , 2012, 34(24): 120–122.

[96] 张宇爽 . EtherNet/IP 工业以太网的性能研究与应用 [D]. 北京 : 北京交通大学 , 2016.

[97] 赵娜 . 珠三角地区典型菜地土壤抗生素污染特征研究 [D]. 广州 : 暨南大学 , 2007.

[98] 中国环境监测总站 . 水环境监测技术 [M]. 北京 : 中国环境科学出版社 , 2014.

[99] 卓明 , 冯裕钊 , 陈勇 , 等 . 污水处理中经济性分析 [J]. 给水排水 , 2005, 31(12): 34–40.